CIÊNCIA NO COTIDIANO

Viva a razão.
Abaixo a ignorância!

COLEÇÃO COTIDIANO

ATIVIDADE FÍSICA NO COTIDIANO • RENATA VENERI e CAMILA HIRSCH
CIÊNCIA NO COTIDIANO • NATALIA PASTERNAK e CARLOS ORSI
DIREITO NO COTIDIANO • EDUARDO MUYLAERT
ECONOMIA NO COTIDIANO • ALEXANDRE SCHWARTSMAN
FEMINISMO NO COTIDIANO • MARLI GONÇALVES
FILOSOFIA DO COTIDIANO • LUIZ FELIPE PONDÉ
LONGEVIDADE NO COTIDIANO • MARIZA TAVARES
POLÍTICA NO COTIDIANO • LUIZ FELIPE PONDÉ
PSICOLOGIA NO COTIDIANO • NINA TABOADA
SAÚDE NO COTIDIANO • ARNALDO LICHTENSTEIN
SEXO NO COTIDIANO • CARMITA ABDO

Proibida a reprodução total ou parcial em qualquer mídia sem a autorização escrita da editora.
Os infratores estão sujeitos às penas da lei.

A Editora não é responsável pelo conteúdo deste livro.
Os autores conhecem os fatos narrados, pelos quais são responsáveis, assim como se responsabilizam pelos juízos emitidos.

Consulte nosso catálogo completo e últimos lançamentos em **www.editoracontexto.com.br**.

CIÊNCIA NO COTIDIANO

Viva a razão.
Abaixo a ignorância!

NATALIA PASTERNAK
CARLOS ORSI

Copyright © 2020 dos Autores

Todos os direitos desta edição reservados à
Editora Contexto (Editora Pinsky Ltda.)

Montagem de capa e diagramação
Gustavo S. Vilas Boas

Coordenação de textos
Luciana Pinsky

Preparação de textos
Lilian Aquino

Revisão
Vitória Oliveira Lima

Dados Internacionais de Catalogação na Publicação (CIP)

Pasternak, Natalia
Ciência no cotidiano : viva a razão : abaixo a ignorância /
Natalia Pasternak e Carlos Orsi. – 1. ed., 2ª reimpressão. –
São Paulo : Contexto, 2022.
160 p.

Bibliografia
ISBN 978-85-520-0179-9

1. Ciência – Miscelânea 2. Biologia – Miscelânea 3. Matemática –
Miscelânea 4. História – Miscelânea I. Título II. Orsi, Carlos

20-1313 CDD 500

Angélica Ilacqua CRB-8/7057

Índice para catálogo sistemático:
1. Ciência – Miscelânea

2022

EDITORA CONTEXTO
Diretor editorial: *Jaime Pinsky*

Rua Dr. José Elias, 520 – Alto da Lapa
05083-030 – São Paulo – SP
PABX: (11) 3832 5838
contexto@editoracontexto.com.br
www.editoracontexto.com.br

Sumário

	INTRODUÇÃO	7
1.	ENERGIA	10
	Nada se perde, nada se cria	17
	Nem tudo é energia	21
2.	BACTÉRIAS E VOCÊ	24
	Desde o nascimento	28
	Você é o que você come?	32
	Trabalhadoras da indústria	37
	A era pós-antibióticos	42

3.	VACINAS	48
4.	HIGIENE E SANEAMENTO BÁSICO	68
5.	GENÉTICA E ALIMENTAÇÃO	80
	Organismos geneticamente modificados	90
	Podemos comer sem medo, então?	94
	E os produtos orgânicos?	103
	Comida e câncer	106
6.	PROBABILIDADE	116
	Fazendo apostas	120
	Exames médicos	125
7.	O MÉDIO E O NORMAL	130
	Fazer média	139
	Mas isso é normal?	142
	Pernas espremidas	147
8.	O CÉU QUE NOS GUIA	150
	Em órbita	153
	No trânsito	156
	O GPS do GPS	158

Introdução

Sem Física e Química, o livro não existiria. Não apenas este, mas qualquer outro livro: se o que você tem nas mãos é a obra impressa, o papel e a tinta são resultado da aplicação de conhecimentos de Química, agricultura (incluindo aí Genética) e Biologia; se estiver lendo numa tela ou ouvindo um audiolivro, agradeça à teoria matemática da informação e à Física Quântica.

Assim como o livro em si, todos os objetos ao seu redor, a cadeira em que você se senta, a estrutura em que você se encontra – seja uma casa, uma barraca, um avião, carro ou ônibus – só existem, da forma como existem, por causa de conhecimentos científicos acumulados. Isso desde que Tales de Mileto, lá na Grécia antiga, percebeu que ver a ação de deuses e ninfas em tudo podia ser bonito e poético, mas não ajudava muito na prática, e postulou a necessidade de se buscar "causas naturais para fenômenos naturais".

Muitos séculos se passaram até que Francis Bacon e Galileu Galilei delineassem os métodos pelos quais essa busca pôde ser mais bem realizada, abrindo as portas para o mundo moderno de ciência e tecnologia em que vivemos, um mundo em que as distâncias se desintegram e bits imateriais valem mais do que ouro sólido. Em que doenças que os textos sagrados de diversos povos tratam como pragas sobrenaturais, e que antes dizimavam populações, são facilmente controladas com medidas básicas de higiene, vacinas e antibióticos (vantagens que, infelizmente, corremos sério risco de perder, como se verá mais adiante neste livro).

O simples fato de vivermos no século XXI já nos faz beneficiários da ciência e dos seus frutos, mesmo que a gente não se dê conta dessa verdade. Achamos que o mundo, tal como existia no dia em que nascemos, é a própria definição de "normal" e "natural". Nada mais falso: existimos num mundo construído por técnicos e engenheiros, que trabalham com as ferramentas criadas por cientistas. Se ignoramos essas ferramentas, que são como os fios, cabos e engrenagens que operam debaixo do capô da civilização, estamos expostos a graves riscos.

O mais óbvio é o de sermos enganados: como o motorista que não entende nada de mecânica de automóveis e se vê vulnerável diante de mecânicos inescrupulosos, o cidadão que ignora fatos científicos básicos, como a lei da conservação da energia ou os princípios mais simples da estatística, se expõe à cupidez de curandeiros, charlatões, vendedores de máquinas de energia infinita, gurus extraterrestres, a fraudes e fraudadores que mentem para o público e, não raro, para si mesmos.

O poder maior da ciência não está em suas conclusões, descobertas e afirmações, mas em sua estrutura: trata-se da única atividade humana construída e projetada para reconhecer, revisar e aprender com os próprios erros. Filósofos debatem há décadas em busca de uma definição exata do que seria "ciência", mas o critério mínimo é a disposição de mudar de acordo com a evidência: se os fatos acumulam-se contra uma teoria, pior para a teoria.

Trata-se de uma atitude que todos poderíamos aplicar, com grande vantagem, no cotidiano.

Esta obra (re)apresenta diversos dos conceitos, fatos e ideias da ciência que encontramos todos os dias, sem perceber. De por que ser importante lavar as mãos à ligação íntima que existe entre os aplicativos de localização dos celulares e o núcleo de galáxias distantes, passando por um pouco de matemática, probabilidade e história.

Existe uma divertida questão filosófica sobre se os peixes "sabem" que estão imersos em água. Afinal, a água está por toda parte, é transparente e a maioria deles nunca tem experiência de outra coisa. Nosso objetivo é tornar visível para você a "água" de ciência em que todos nos encontramos imersos, que nos alimenta e que respiramos sem perceber. Ampliar a consciência de alguns "peixes", por assim dizer.

Bem-vindo ao mergulho!

1 Energia

O despertador toca. Você geme, estica o braço, aperta a tecla "soneca", cochila. Algum tempo depois, acorda pra valer, abre os olhos. Se dorme de janela fechada, provavelmente terá de estender o braço (ou rolar um pouco na cama) para alcançar o interruptor e acender a luz. Depois, enfim, se levanta.

Cada um dos eventos descritos no parágrafo anterior envolve uso (melhor dizendo, transformação) de energia. O som do despertador só existe porque a energia elétrica estocada na bateria – ou fornecida pela tomada – se converte em energia mecânica, as vibrações do ar que nossos ouvidos captam como "som". Seu gemido de desgosto envolve uma transformação semelhante, mas agora a energia inicial não é mais elétrica, e, sim, química: moléculas de glicose, um tipo de açúcar, são consumidas nas células de seu corpo, liberando a energia que você usa para falar, pensar e andar por aí. É essa a energia que move seus músculos quando você finalmente se mexe para sair da cama, e que continuará a movê-los pelo restante do dia.

É energia elétrica que faz a lâmpada do quarto responder ao toque no interruptor. Se a janela estiver aberta, a luz natural que entra foi produzida no espaço, a 150 milhões de quilômetros de nosso planeta, pela energia nuclear do Sol, que, em última instância, é a fonte original de praticamente toda a energia que usamos na Terra. Até mesmo o petróleo que extraímos do subsolo não passa de energia solar acumulada, originalmente, por plantas e outros pequenos seres vivos que existiram há milhões de anos. Os ventos, fonte da energia eólica, existem graças a diferenças de temperatura (ar quente sobe, ar frio desce) causadas pelo poder do sol. Por sua vez, as águas, que movem rodas e turbinas quando rolam ladeira abaixo, só chegam ao alto das encostas porque evaporam e se elevam na atmosfera: um movimento causado pelo calor do sol.

Mas, afinal, o que é essa coisa que chamamos de "energia"? Poucas palavras da língua portuguesa – e talvez de qualquer outra língua! – sofrem tanto abuso. Artistas e atletas mandam e pedem "energia positiva" de seus públicos; astrólogos gostariam de nos fazer acreditar que certas configurações planetárias enviam "energias" desse ou daquele tipo para pessoas nascidas em determinadas datas. Há ainda quem diga que cores, pedras ou sons podem ajudar a "harmonizar as energias". Aquilo que poderíamos, talvez, chamar de "energia emocional" – disposição, ânimo, simpatia – e a "energia" que aparece nas equações da Física – que viaja pelos fios elétricos e na luz solar, que está estocada no petróleo e que é um constituinte básico da realidade material à nossa volta – não são a mesma coisa, embora compartilhem o nome e tenham certo parentesco poético.

Dizer, por exemplo, que uma pessoa tem "uma energia inesgotável" – ou seja, é assertiva, transmite entusiasmo, parece estar sempre de bom humor – não significa que ela nunca vai precisar de um carregador para o celular.

Cientificamente, energia é a capacidade de realizar trabalho. "Trabalho", nesse contexto, é algum tipo de transformação — uma mudança na posição, velocidade, tamanho, formato ou temperatura de alguma coisa.

Isso explica por que energia é tão importante, por que políticos, cientistas e empresários se desdobram na busca por novas fontes ou fontes alternativas, por que países entram em guerra, por que somos sempre bombardeados por mensagens que dizem como é importante economizar energia: sem ela, nenhuma mudança é possível. Matérias-primas não se convertem em produtos, pessoas não se deslocam de um lado para o outro, nada acontece, tudo para, congela. Sem energia, nem mesmo a vida é possível.

Energia pode vir em vários sabores: química (a do petróleo ou a da glicose), mecânica (som), elástica (como a acumulada numa mola tensa), gravitacional. A energia também pode ser classificada como "cinética" (da palavra grega *kyne*, "movimento", de onde também vem "cinema") ou "potencial".

Uma mola tensa ou uma pedra no alto de uma ladeira têm energia potencial: energia estocada, esperando liberação. A mola que se expande ou a pedra que rola ladeira abaixo têm energia cinética: energia sendo liberada sob a forma de movimento.

Existe uma ligação íntima entre energia cinética e calor: o que sentimos como a temperatura de um objeto reflete a energia do movimento das partículas que o compõem. Os átomos e moléculas da água, do ar e, até mesmo, dos objetos sólidos que nos cercam vibram o tempo todo, com as partículas se movendo em direções aleatórias, ao acaso, colidindo e ricocheteando entre si. Vibração é movimento, e movimento transporta energia cinética.

Quanto mais energia houver nessa agitação toda, maior a temperatura. Isso explica também as mudanças de estado – por exemplo, de gelo em água e de água em vapor – à medida que um material se aquece: num sólido como o gelo, as partículas da matéria estão presas em seus lugares e se movem pouco, têm pouca energia cinética. À medida que o objeto é aquecido, as partículas passam a se mover mais e a escapar de seus lugares, passando para o estado líquido. No estado gasoso, as partículas têm energia suficiente para se mover com total liberdade.

A energia, nesse sentido científico, obedece sempre a três princípios, as chamadas Três Leis da Termodinâmica. A palavra "termodinâmica" é formada pela junção de expressões gregas para "quente" (*thermo*) e "força" (*dynami*). Ao pé da letra, significa "força do calor".

NADA SE PERDE, NADA SE CRIA

A Primeira Lei da Termodinâmica diz que energia não pode ser criada ou destruída, apenas transformada, como no caso da energia química acumulada nos músculos do corpo humano, que se transforma em energia cinética, ou de movimento, quando caminhamos ou fazemos algum exercício. Outro exemplo é a energia elétrica, transformada em luminosa quando acendemos uma lâmpada.

Essa Primeira Lei tem um aspecto pessimista – toda a energia que podemos usar para mover nossas máquinas e nossos corpos tem de já estar disponível, de algum modo, em algum lugar –, mas também um otimista: a energia, mesmo a energia já consumida, nunca deixa de existir. Esse lado otimista, no entanto, é rapidamente desfeito quando chegamos à lei número dois. Porque a Segunda Lei afirma que, mesmo não podendo ser destruída, parte da energia utilizada num trabalho sempre, inevitavelmente, torna-se inútil e não pode ser recuperada para realizar novos trabalhos. No motor de um veículo movido a gasolina, álcool ou diesel, essa fração é dissipada, por exemplo, no aquecimento do ambiente. A energia que esquenta o capô do automóvel, ou que faz vibrar o escapamento, não está sendo usada para mover o carro e vai acabar dispersada na atmosfera.

Do mesmo modo, quando você faz alguma atividade física, apenas parte da energia empregada se transforma realmente em movimento muscular: outra parcela se dissipa sob a forma de calor, elevando a temperatura de seu corpo, e é o que faz você suar durante o exercício mais intenso.

Existe uma relação íntima entre essa energia perdida sob a forma de calor e o conceito de "entropia", que muitas vezes é definido como "a medida da desordem de um sistema" e aparece em diversos contextos e áreas da ciência.

Essa ligação entre calor e entropia/desordem acontece porque a temperatura, lembre-se, é um reflexo do movimento aleatório, ao acaso, das partículas que compõem um corpo ou objeto. E movimento ao acaso é, por definição, movimento *desordenado*.

Por conta disso, a Segunda Lei às vezes é formulada do seguinte modo: "num sistema isolado, a entropia jamais diminui". Ou seja, a menos que haja uma fonte externa de energia, como o Sol, uma bateria ou alimentos (caso em que o sistema deixa de ser "isolado"), toda a energia disponível para o sistema acaba se dissipando em movimento aleatório e desordenado, inútil para qualquer fim prático.

A Primeira e a Segunda Leis, às vezes, são resumidas nas frases "Não dá para ganhar" e "Não dá para empatar". Juntas, elas são importantes não apenas para a engenharia de tudo o que nos cerca – cada máquina que usamos, do smartphone às naves espaciais, tem de levá-las em consideração –, mas também para afiar nosso senso crítico.

Graças a elas, podemos afirmar que máquinas de moto-perpétuo – que geram mais trabalho do que a energia que contêm e que recebem, ou das quais se pode extrair trabalho indefinidamente, a partir de um aporte inicial único de energia – são impossíveis, pois violam pelo menos uma das duas leis.

Um exemplo clássico de máquina impossível é a que seria construída ligando-se um gerador elétrico a um motor, e o motor de volta no gerador. Se não fosse pela Segunda Lei, essa máquina poderia funcionar para sempre: o gerador alimenta o motor e o motor ativa o gerador. Mas alguma dissipação é sempre inevitável, e o combinado, um dia, vai acabar parando.

A Terceira Lei da Termodinâmica é um pouco menos relevante para o dia a dia, a menos que você esteja no espaço interestelar ou trabalhe com sistemas físicos de baixíssima temperatura. Ela postula que mesmo partículas congeladas a zero absoluto – a menor temperatura possível no Universo é de -273°C – ainda mantêm algum movimento. Essa lei é traduzida, no espírito das anteriores, como "Não dá para sair do jogo".

NEM TUDO É ENERGIA

A Física do século XX descobriu que é possível usar energia para produzir partículas de matéria e destruir matéria para gerar energia. A equivalência entre esses dois aspectos do mundo físico aparece na equação $E=mc^2$. Ela afirma que "energia (E) é igual à massa (m) multiplicada pela velocidade da luz (c) ao quadrado" e tornou-se popular depois de ser apresentada por Albert Einstein, em 1905, como uma das consequências de sua Teoria da Relatividade Restrita.

Essa equivalência tornou-se ainda mais relevante com o desenvolvimento da Física Quântica, que trata dos menores componentes da matéria, os ingredientes que compõem os átomos. O processo de desintegração da matéria é o que torna possíveis tecnologias como os aceleradores de partículas, os equipamentos de radiografia e radioterapia, as usinas nucleares e as bombas atômicas. Tanto as usinas quanto as armas nucleares se valem da energia liberada pela destruição da matéria, de modo controlado (na produção de eletricidade) ou caótico (numa explosão).

Mas atenção: esses processos acontecem em escala subatômica e envolvem os conceitos de energia, partícula e onda num sentido físico, científico.

Quando alguém diz que, "segundo a Mecânica Quântica, a energia dos seus pensamentos e emoções transforma o Universo", ou que é preciso "ascender a um estado vibracional mais alto" e, em seguida, cita uma frequência em

Hertz, essa pessoa está misturando (por ignorância ou má-fé) conceitos científicos de significado matemático preciso com metáforas de autoajuda. Fuja ou, ao menos, ignore.

Claro, o espaço para o uso poético de palavras como "energia", "vibração" etc. é imenso. Se energia é a capacidade de realizar transformações, então uma pessoa incapaz de mudar de vida, embora deseje fazê-lo, é alguém que, metaforicamente, "precisa de uma energia"; uma pessoa desanimada está (misturando a metáfora física à bancária) com "saldo negativo de energia", e se alguém se anima a tomar uma decisão importante depois de ler um livro inspirador, é porque "recebeu uma energia positiva" da leitura.

Mas do mesmo modo que as leis da aviação não afetam em nada alguém que está "nas alturas" de alegria, a Física Quântica não tem nada a ver com a "vibração positiva" de comprar um carro novo, de começar um namoro ou conseguir o primeiro emprego.

2
Bactérias e você

Quando pensamos em bactérias, em geral, logo imaginamos "aqueles bichinhos que causam doenças". Nada poderia ser mais injusto com esses microrganismos que nos acompanham desde o nascimento e produzem vitaminas, participam de processos bioquímicos essenciais do corpo humano, influenciando os sistemas digestivo, hormonal e nervoso, além de interagirem com o meio ambiente e serem importantes na agricultura, na produção de alimentos e remédios. Nem oxigênio para respirar teríamos se não fosse por elas.

Sem bactérias, nem planeta nem nosso organismo funcionariam. É uma boa simbiose. Especialmente, porque fazem tudo isso só em troca de um lugar para morar.

Cianobactérias (o prefixo "ciano" vem da palavra grega *kyanos* e quer dizer "azul-esverdeado") foram responsáveis por "contaminar" a atmosfera terrestre, há 2,4 bilhões de anos, com um gás quimicamente muito ativo e tóxico para as formas de vida daquela época: o oxigênio. Foram essas bactérias que desenvolveram a fotossíntese, um processo muito interessante que permite obter energia a partir de luz solar e usar o gás carbônico da atmosfera para produzir comida, na forma de moléculas de açúcar, liberando oxigênio. O método tornou-se bastante popular entre os seres vivos que vieram depois. Hoje, é a base da cadeia alimentar do planeta. Mas, para as bactérias daquela época, o oxigênio era só um subproduto, um dejeto. E, assim, as cianobactérias "poluíram" a atmosfera primitiva com o gás que hoje respiramos.

Os microrganismos (bactérias, vírus e fungos microscópicos) representam 50% da biomassa terrestre, enquanto as plantas contribuem com 35% e os animais com apenas 15%. Em humanos, elas representam aproximadamente 2 quilos de massa corporal.

Cooptadas pela tecnologia humana, bactérias participam da produção de antibióticos, alimentos, hormônios, enzimas, pesticidas, remédios e vacinas. São usadas na fabricação de iogurtes, queijos, vitaminas e vinhos. Hormônios que hoje são produzidos por bactérias geneticamente modificadas incluem a insulina, tão utilizada no controle da diabete, e hormônio de crescimento. Ainda, bactérias transgênicas são usadas na fabricação de proteínas humanas, como interferon e fator de necrose tumoral, envolvidos no tratamento da aids e alguns tipos de câncer.

A toxina botulínica, utilizada na medicina (por exemplo, como "botox"), e o pesticida BT, amplamente usado na agricultura, são ambos produtos bacterianos.

A insulina é o exemplo mais antigo de um hormônio humano produzido em bactérias. Antes de essa tecnologia estar disponível, a insulina utilizada por pacientes diabéticos era extraída do pâncreas de porcos e vacas. Esse processo era caro, demandava o uso de um grande número de animais, e podia gerar reações alérgicas. A tecnologia do DNA recombinante possibilitou a expressão do gene da insulina humana em bactérias. Ou seja, o gene da insulina humana, exatamente o mesmo que produz insulina em nosso pâncreas, foi inserido numa bactéria, que processa esse gene como se fosse dela e produz um hormônio idêntico ao humano. Esse processo apresenta menor custo e nenhum risco de reação.

Todos temos uma "microbiota", nome dado ao conjunto de bactérias que habita determinado local. Por exemplo, falamos em microbiota intestinal, microbiota da pele, microbiota de plantas, de peixes etc. Bactérias também vivem em nós como uma espécie de herança, porque, dentro das nossas células, temos estruturas chamadas mitocôndrias, responsáveis pelo processo de respiração celular. Elas surgiram, na história da evolução dos seres vivos, como bactérias que acabaram "englobadas" por células primitivas, integrando-se a elas.

DESDE O NASCIMENTO

No momento em que saímos do útero, já entramos em contato com bactérias que não só vão nos acompanhar, como também desempenhar funções importantes no corpo humano por toda nossa vida.

A colonização, ou seja, a dominação do corpo humano pelas bactérias, é intensa no parto normal, e, como veremos a seguir, isso é muito bom. O canal vaginal é um ambiente rico em bactérias, principalmente as do gênero *Lactobacillus*, relacionadas à digestão do leite. Sim, essas bactérias são as mesmas utilizadas para fazer iogurtes! A passagem pela vagina já prepara o bebê para digerir seu primeiro alimento. Outras bactérias presentes na vagina colonizam a pele e as mucosas (como as do interior da boca e do nariz), protegendo o bebê de possíveis infecções causadas por bactérias oportunistas. O modo como nascemos influencia a composição da microbiota. Quando a gestação se aproxima do termo (38-40 semanas), a microbiota vaginal da gestante começa a se preparar para o bebê.

Crianças que nascem de parto normal são inicialmente colonizadas por bactérias presentes na vagina da mãe, ao passo que bebês nascidos por cesárea são colonizados por bactérias do ambiente, ou presentes no obstetra, no pai, na equipe de enfermagem. Sabe-se que 64%-80% das infecções em recém-nascidos causadas por *Staphylococcus aureus*, uma bactéria comum em ambiente hospitalar e na pele das pessoas, ocorrem em bebês nascidos por cesariana. Estudos também relacionam a cesárea a uma colonização inadequada do intestino, alterando a microbiota inicial do bebê, o que pode acarretar problemas no futuro, como diabetes, obesidade, alergias e asma.

Atenção: nada disso quer dizer que todo bebê que nasce de cesárea vai, necessariamente, ter essas complicações. Só que é preciso ter cuidado com as cesáreas sem indicação médica, porque, ao fazê-las, assume-se que certos riscos serão maiores – riscos que pode ou não valer a pena aceitar, dependendo de cada caso. O tipo de parto, além de influenciar quais bactérias vão colonizar a pele, as mucosas e o intestino do bebê, também influencia a composição do leite materno. Os hormônios liberados durante o trabalho de parto alteram a permeabilidade do intestino da mãe. Estudos em camundongos sugerem uma translocação de bactérias do intestino da mãe para as glândulas mamárias, via células dendríticas, que são células especializadas do sistema imune. Durante o trabalho de parto, hormônios sinalizam para que essas células possam "capturar" as bactérias do intestino da mãe – que está com suas paredes mais permeáveis, facilitando a passagem – e transportá-las até as glândulas mamárias.

Esse mecanismo provavelmente ocorre durante toda a gestação, com seu ápice no momento do parto. Amostras de leite coletadas em mulheres que deram à luz por cesárea eletiva, em comparação com mulheres que passaram por parto normal, demonstram uma composição de bactérias diferentes.

As mulheres que tiveram parto normal apresentavam mais *Bifidobacterium sp.* e *Lactobacillus sp.*

no leite, enquanto as que sofreram cesárea antecipada apresentavam mais bactérias do gênero *Carnobacteriaceae*. A composição do leite de mulheres que passaram por cesáreas de emergência, já em trabalho de parto, foi similar às das mulheres que tiveram parto normal, mostrando que realmente os hormônios do trabalho de parto garantem que bactérias boas cheguem às glândulas mamárias e ao estômago do bebê.

Assim, vemos que cesáreas eletivas, o uso de antibióticos durante a gestação – e para nascimentos prematuros – e o uso de fórmula artificial alteram a microbiota do bebê mais do que se imaginava. Obviamente, cesáreas, antibióticos e fórmula salvam vidas e são de extrema importância. Mas sua utilização deve ser avaliada caso a caso, sempre com recomendação médica.

O leite materno, além de ser uma fonte de bactérias boas para a criança, é rico em oligossacarídeos (um tipo de açúcar), que são o alimento preferido de uma microbiota saudável. Bebês que mamam no peito apresentam, em seus intestinos, predominância e maiores quantidades de bactérias dos gêneros *Bifidobacterium sp.* e *Lactobacillus sp.* quando comparados a bebês que são alimentados exclusivamente na mamadeira.

Essas bactérias são importantes para digerir o leite e para uma colonização saudável do intestino.

Bactérias do gênero *Bifidobacterium* também participam da ativação do sistema imune. Camundongos alimentados com *Bifidobacterium* apresentaram menor incidência de infecções causadas por *Salmonella sp.*, uma bactéria muito comum em intoxicações alimentares. Até a vida adulta, a presença desses tipos bacterianos traz benefícios para a saúde.

Os oligossacarídeos também impedem o crescimento de bactérias que fazem mal para a saúde. Bebês alimentados exclusivamente com fórmula são mais suscetíveis a infecções, além de serem mais propensos a desenvolver doença celíaca, diabetes tipo II, asma e obesidade no decorrer da vida. Lembrando, no entanto, que se trata de uma elevação de risco – não de uma sentença inevitável – e que o risco pode valer a pena, dependendo das especificidades de cada caso.

Nem sempre é fácil ou mesmo possível amamentar. É importante, porém, saber os benefícios da amamentação, especialmente nos primeiros seis meses. E paralelamente a isso, os fabricantes de leite artificial podem aprofundar suas pesquisas para melhorar a composição de suas fórmulas.

VOCÊ É O QUE VOCÊ COME?

Uma vez desmamados, precisamos começar a comer outros tipos de alimentos, e as bactérias nos ajudam a extrair deles a energia e os nutrientes necessários. Na época do desmame, as bactérias do intestino começam a expressar genes especializados na digestão de açúcares e de certas moléculas produzidas por plantas e na produção de vitaminas. Na vida adulta, nossa microbiota encontra-se relativamente estável, mas sua manutenção depende da dieta. O consumo exagerado de antibióticos e uma alimentação desbalanceada favorecem o crescimento de espécies bacterianas que podem nos trazer uma série de complicações, como obesidade e resistência à insulina e maior suscetibilidade a doenças.

À medida que introduzimos novos alimentos para o bebê, a microbiota também vai mudando e ficando cada vez mais parecida com a de um adulto. Uma boa microbiota intestinal deve ser muito diversificada, com várias espécies de bactérias, e quanto mais diversificada for a nossa dieta, mais espécies de bactérias teremos. Isso porque elas comem o que a gente come. E as bactérias boas comem muitas fibras insolúveis, como as que encontramos em frutas, verduras e cereais.

Muitos estudos foram feitos para tentar separar os grupos bacterianos "do bem" dos "do mal". As conclusões ainda estão muito abertas a incertezas. O que sabemos é que diversidade importa, e que a presença de bactérias está relacionada com diversos aspectos da saúde, incluindo a facilidade (ou não) para perder ou ganhar peso.

Vemos que existem bactérias que são na verdade mais eficientes, aproveitam melhor a energia dos alimentos. Isso faz sentido do ponto de vista evolutivo: se a comida é escassa, quem consegue obter mais energia tem vantagem. Claro que em um momento como hoje, no qual a oferta de comida é abundante, isso passa a ser desvantagem, e engordamos.

E como você pode ajudar a criar uma comunidade bacteriana mais saudável no seu corpo?

As bactérias boas do intestino precisam de fibras solúveis, oligossacarídeos e polifenóis – um tipo de molécula antioxiodante – para proliferar. E onde encontramos tudo isso? Em frutas, verduras, grãos, cerais integrais, iogurtes, queijos (vivos, não industrializados), chocolate amargo, vinho tinto, azeite e leite materno.

Tirando o leite materno, que em geral só apreciamos quando bebês, até que essa dieta não está nada mal, certo? É a dieta mediterrânea. Ela já foi relacionada à prevenção de obesidade e de doenças cardiovasculares. Talvez as bactérias tenham algo a ver com isso.

Assim, vemos que dietas muito malucas e restritivas, que proíbem frutas, verduras e grãos podem acabar matando de fome as bactérias boas, dando oportunidade para as patogênicas, isto é, causadoras de doenças. Isso ocorre com dietas que cortam glúten, carboidratos, laticínios. Claro que há casos em que as pessoas realmente precisam restringir esses alimentos por questões médicas, mas é uma minoria da população, não a regra.

Antibióticos também desempenham um papel importante, principalmente nos primeiros seis meses de vida, quando a microbiota está se formando, mas tratamentos longos ou repetidos em qualquer fase da vida podem acabar matando bactérias boas, dando lugar para bactérias patogênicas proliferarem. Bebês que precisam tomar antibióticos muito cedo também ficam mais propensos a doenças.

Camundongos que recebem antibióticos também apresentam maior ganho de peso. Os produtores rurais sabem disso, e, por esse motivo, os utilizam como promotores de crescimento na criação de animais. E por que isso ocorre? Hoje, sabemos que provavelmente as bactérias são o segredo.

O abuso de antibióticos, um estilo de vida não saudável e dietas malucas podem levar a condições extremas de "disbiose", quando o equilíbrio de espécies bacterianas no intestino fica prejudicado. Às vezes, essa disbiose é tão extrema que causa doenças graves como colite retroulcerativa, ou doença de Crohn. Ambas são processos inflamatórios graves do intestino.

Excesso de higiene e uso de sabonetes antibacterianos também devem ser evitados. Os sabonetes especiais contêm triclosan, um antisséptico utilizado em hospitais, que pode matar toda a microbiota boa da pele, abrindo espaço para bactérias oportunistas e patogênicas. Ter contato com bactérias do ambiente também traz benefícios. Alguns estudos mostram que crianças que crescem em contato com animais de fazenda ou de estimação apresentam menor grau de doenças alérgicas e respiratórias, provavelmente porque foram mais expostas e colonizadas por diferentes tipos bacterianos.

Não, ninguém aqui está dizendo para não lavar as mãos antes das refeições, nem execrando o uso, quando necessário, de antibióticos. Mas o zelo em excesso pode trazer problemas. Tanto que sabonetes antibacterianos foram proibidos nos EUA. Mas claro que a conduta é outra para ambientes contaminados com espécies patogênicas, como hospitais.

E os probióticos, bactérias vendidas em forma de suplemento ou em iogurtes especiais, ajudam? Talvez para algumas pessoas, mas não fazem milagre, e não sabemos até que ponto são realmente úteis ou benéficas. Estudos recentes sugerem que as bactérias tradicionalmente comercializadas como probióticos podem afetar o equilíbrio da microbiota intestinal, nem sempre de forma favorável.

Os probióticos que já existem no mercado geralmente contêm espécies do gênero *Lactobacillus* e *Bifidobacterium*, comercializadas em iogurtes e suplementos. Os estudos que mostram benefícios desse tipo de produto ainda são preliminares em humanos, mas não são muito consistentes. Vale mais a pena investir na melhora da alimentação.

TRABALHADORAS DA INDÚSTRIA

Seu corpo, então, está repleto de bactérias. E vários alimentos e bebidas também. É certo que a cerveja e o vinho são fermentados por um tipo de fungo, a levedura, mas as bactérias também participam do processo da fabricação de bebidas alcóolicas. Após a fermentação por fungos, alguns produtores de vinho utilizam bactérias que digerem o ácido málico, que sobra da fermentação com fungos, e assim melhoram a qualidade do produto.

Além do popular iogurte, bactérias também estão envolvidas na fabricação de queijos. Afinal, o processo é o mesmo: queijos são feitos a partir de leite fermentado. Você também já sabia disso. Mas sabia que uma bactéria específica, a *Propioni-*

bacterium shermanii, é a única responsável pelos buracos do queijo suíço? Bactérias láticas fermentam o leite, e a *P. shermanii* se alimenta do ácido lático produzido nessa primeira fermentação, produzindo, por sua vez, acetato, ácido propiônico e dióxido de carbono (CO_2). O acetato e o ácido propiônico são responsáveis pelo sabor característico do queijo suíço, e o CO_2 liberado faz os buracos no queijo. O vinagre é um produto da fermentação do álcool por bactérias do gênero *Acetobacter*, que convertem álcool em ácido acético. E se você quiser umas azeitonas para beliscar junto com o queijo e o vinho, agradeça às bactérias. Você jamais seria capaz de comer a grande maioria das azeitonas se elas não fossem antes fermentadas. Azeitonas *in natura* são superamargas. Elas passam por um processo de fermentação por bactérias láticas que dura de três a seis meses.

Na indústria de cosméticos, uma bactéria tornou-se especialmente famosa, a *Clostridium botulinum*, responsável pela produção da toxina botulínica, ou botox. A toxina, letal se ingerida, causa paralisia muscular, acarretando morte por parada respiratória. Mas, se injetada em minúsculas quantidades, pode paralisar os músculos da face, diminuindo rugas e linhas de expressão, além de corrigir estrabismo e impedir espasmos musculares involuntários, como nevralgia do trigêmeo, que provoca intensa dor no maxilar.

Saindo da área de saúde/beleza, as bactérias estão presentes também em nossos pratos (e solos). O Brasil só se tornou o maior produtor mundial de soja graças à suplementação do solo com bactérias fixadoras de nitrogênio. Graças ao trabalho pioneiro de Johanna Dobenreimer com bactérias do tipo *Rhizobium*, foi possível cultivar soja sem fertilizantes químicos. Na década de 1960, os EUA eram os maiores produtores de soja do mundo, e ninguém acreditava que havia uma alternativa ao uso de fertilizantes minerais. A pesquisadora descobriu uma maneira de usar as bactérias em simbiose com o cultivo, dispensando os fertilizantes nitrogenados. Agora a soja fabrica seu próprio nitrogênio. Isso representa, até hoje, uma economia de 2 bilhões de dólares por ano para o Brasil e permitiu que ganhássemos a competição com os EUA.

Além disso, bactérias degradam compostos tóxicos, como DDT, pesticidas, petróleo e metais pesados, limpando nossos rios e solos. Bactérias nativas, capazes de degradar hidrocarbonetos, foram utilizadas em acidentes de derramamento de petróleo para auxiliar na descontaminação do solo. A partir dessas bactérias nativas, foram criados organismos geneticamente modificados que conseguiam degradar o petróleo mais rapidamente.

A biorremediação por bactérias foi adotada pela primeira vez quando o navio petroleiro Exxon Valdez sofreu um vazamento no Alasca em 1989. Bactérias do gênero *Pseudomonas*, capazes de degradar hidrocarbonetos, foram utilizadas para eliminar o óleo. Nesse caso, as bactérias eram nativas do local, mas foram utilizados fertilizantes ricos em nitrogênio e fósforo para "alimentá-las", favorecendo o crescimento delas e acelerando, assim, o processo de biodegradação. As bactérias conseguem utilizar os hidrocarbonetos do petróleo como fonte de carbono, transformando-os em moléculas menores que não poluem o ambiente.

A compostagem, processo que vem crescendo no Brasil e no mundo, também requer bactérias. Microrganismos (fungos e bactérias) decompõem a matéria orgânica em CO_2, água, calor e húmus (adubo orgânico), que é o produto final. Esse processo ocorre em três fases: a fase mesofílica, ou de temperatura moderada, que dura alguns dias; a fase termofílica, de alta temperatura, que pode durar desde alguns dias até meses; e, finalmente, a fase de maturação e resfriamento, na qual, durante meses, aguarda-se que o composto retorne à temperatura ambiente e chegue ao produto final. A compostagem pode ser feita para uso doméstico ou em escala industrial. No Brasil, o uso ainda é mais doméstico e temos poucas usinas de compostagem ativas. Existem várias técnicas e receitas, e não há grande segredo para fazer uma boa compostagem, basta oferecer as condições adequadas de nutrientes e hidratação para os microrganismos necessários, sem esquecer, contudo, que todo processo biológico é uma possível fonte de contaminação, e todo produto de agricultura doméstica feito com adubo orgânico precisa de uma atenção extra para lavagem e descontaminação antes do consumo.

As bactérias também são utilizadas como marcadores de poluição. Podemos utilizar as bactérias em duas situações distintas: onde elas não deveriam estar e onde deveriam. A água para consumo humano deve ser livre de bactérias. Assim, a utilização de testes que identifiquem bactérias nessa água pode demonstrar se ela é própria para o consumo. Já um ambiente selvagem como o oceano deve ser rico em espécies de bactérias específicas para este habitat. A ausência dessas bactérias pode indicar um nível elevado de poluição.

A ERA PÓS-ANTIBIÓTICOS

Já vimos alguns dos problemas do uso exagerado dos antibióticos. Mas a descoberta da penicilina, em 1928, revolucionou a Medicina e salvou milhões de vidas. Hoje, há dezenas de tipos de antibióticos no mercado brasileiro. E o que é preciso para produzir antibióticos? Bactérias. A maior parte dos antibióticos é feita por bactérias que vivem no solo, conferindo a elas uma grande vantagem: matam a concorrência. Ao liberar antibiótico no solo onde vivem, as bactérias eliminam competidoras. Nós aproveitamos essa engenhosidade bacteriana e a utilizamos a nosso favor, cultivando as bactérias produtoras e isolando o antibiótico para uso em humanos. Se elas pudessem, certamente cobrariam *royalties*.

Grande parte dos antibióticos usados como medicamento passa inalterada pelo intestino de humanos e animais e chega ao meio ambiente. Bactérias resistentes são encontradas em humanos, animais, rios e solos. O resultado? Os antibióticos, nesses ambientes, promovem a proliferação de bactérias resistentes.

De acordo com o relatório da Organização Mundial de Saúde (OMS) de 2012, estamos entrando em uma era pós-antibióticos, na qual voltamos a ser suscetíveis a doenças que já estavam controladas há décadas, pois esgotamos nosso arsenal.

A resistência é um fenômeno que ocorre naturalmente. Bactérias sempre exibiram genes de resistência a antibióticos e são capazes de passar esses genes para sua prole, quando se dividem, ou para as vizinhas, quando trocam informação genética. Essa troca de genes entre uma bactéria e outra é o mais próximo de um tipo de relação sexual que elas chegam. Como elas não são muito exigentes na escolha de parceiros, passam esses genes inclusive para espécies diferentes. No mundo microbiano, realmente, ninguém é de ninguém.

Os genes de resistência fazem parte do mundo microbiano justamente porque são as bactérias as maiores produtoras de antibióticos. O composto que para nós é um medicamento, para elas, é uma ótima estratégia de guerra: matar as vizinhas e ficar com todos os nutrientes. Genes de resistência, em meio a essa batalha, são muito bem-vindos e conferem uma vantagem seletiva às sortudas que os possuem.

Além disso, elas se reproduzem muito rapidamente: há bactérias que se dividem de 20 em 20 minutos. Essas características facilitam muito o surgimento de linhagens resistentes. Se houver uma única bactéria resistente a um antibiótico em uma população de 1 bilhão, e jogarmos o antibiótico lá, em algumas horas essa sobrevivente solitária pode se multiplicar e dominar o ambiente, ocupando o espaço deixado pelas que morreram. Se ela encontrar umas amigas no caminho e resolver transferir seu gene, teremos ainda mais bactérias resistentes se reproduzindo.

O uso excessivo de antibióticos, e, muitas vezes, sem receita ou acompanhamento médico adequado, e principalmente o uso dessas substâncias como promotor de crescimento e medicação preventiva na pecuária, acelerou o processo. As bactérias resistentes são transmitidas facilmente entre animais, de animais para humanos e entre humanos. O mundo globalizado, a facilidade para viajar e os ambientes confinados de criação animal favorecem a circulação das variedades resistentes.

Certamente, o fator que mais contribui para a disseminação de genes de resistência é o uso na criação comercial de animais de corte, principalmente aves e suínos, que costumam ser criados confinados. Nesses casos, o antibiótico tem dupla função: prevenir doenças e atuar como promotor de crescimento. Ao contrário do que muitos pensam, os produtores não usam hormônios para engordar os animais. São muito caros, e, no Brasil, seu uso é proibido. O que realmente ajuda os bichos a ganhar peso e, portanto, aumentar a produção e diminuir o custo para o consumidor final é o antibiótico. O motivo, muito provavelmente, é que o medicamento interfere na microbiota intestinal dos animais.

Mas quem teve a brilhante ideia de usar antibióticos na criação? A indústria farmacêutica fez, há algum tempo, uma grande descoberta: a vitamina B12! Parecia uma vitamina muito promissora para curar anemia perniciosa, e a empresa Merck começou a fabricar em grande quantidade. E quem produz essa vitamina? Pois é, bactérias! Os fazendeiros perceberam que os restos dos enormes tanques de fermentação usados pela Merck para fazer vitamina para consumo humano poderiam ser reaproveitados para produzir B12 de uma forma mais barata para os animais. Eles supunham que suplementar a dieta animal com B12 seria benéfico porque, afinal, era uma vitamina. Mas não esperavam o resultado: os animais alimentados com a suposta B12 produzida a partir das sobras dos tanques ganhavam peso 50% mais rápido do que os demais.

Então perceberam: o tanque utilizado continha pequenas quantidades de aeuromicina, um antibiótico produzido pelas bactérias usadas para fazer vitamina. Até hoje, são utilizadas subdoses – isto é, doses inferiores à necessária para ter efeito clínico – de antibiótico na criação animal. Quando o assunto são genes de resistência, subdoses são mais perigosas do que doses plenas. É por isso que, no caso de seres humanos, os médicos insistem na importância de tomar a dose completa, nos horários recomendados e até terminar a receita. Doses subótimas, decorrentes de um esquecimento ou interrupção do tratamento, acabam selecionando mais bactérias resistentes.

Com a globalização, o risco só aumenta. Tanto no Brasil como nos EUA, somente alguns antibióticos são permitidos para criação animal, justamente aqueles que não são mais usados para tratamento em humanos. Mas em 2017, na China, encontraram-se indícios do uso de colistina na criação de aves. Colistina era um antibiótico reservado para emergências de linhagens de bactérias multirresistentes (chamadas "multi-R", para encurtar). A investigação foi feita exatamente porque surgiram casos de bactérias multi-R resistentes a colistina.

A resistência a antibióticos gera um gigantesco problema de saúde pública: o tempo de internação de uma pessoa infectada por uma linhagem multirresistente é maior, apresenta maior risco de vida e um custo mais elevado de tratamento. Sem antibióticos efetivos, será impossível realizar cirurgias abertas, transplantes de órgãos e tratar uma população cada vez mais idosa e, portanto, mais vulnerável a infecções. Procedimentos simples, como cesáreas e cirurgias de prótese, vão se tornar cirurgias de risco.

Como reverter esse processo? É necessário e urgente promover o uso consciente dos antibióticos. O cidadão comum precisa aprender a seguir seu tratamento médico até o fim, e não usar, nem pressionar o médico a prescrever, antibióticos para condições em que esses medicamentos são inúteis, como gripes, resfriados e outras condições causadas por vírus: antibióticos são armas usadas por bactérias e fungos contra bactérias, e não afetam outros tipos de microrganismo.

Mais importante do que simplesmente impor restrições legais que são difíceis de fiscalizar, o produtor rural precisa saber que, ao usar antibiótico como promotor de crescimento, está gerando um problema de saúde pública de dimensões catastróficas. Precisamos criar incentivos para a pesquisa de novos medicamentos e pensar em soluções de tratamento para o descarte doméstico e hospitalar.

3 Vacinas

Quem tem filho pequeno sabe bem da quantidade de vacinas que fazem parte da rotina do bebê e da criança. Só com ajuda do pediatra mesmo para lembrar-se de todas as entradas na carteirinha e todos os reforços. Mas, hoje em dia, curiosamente, tem gente que questiona a segurança e a eficácia das vacinas. Essa atitude está gerando um problema grave de saúde pública, e doenças antigas estão voltando a circular, causando até mortes.

Será que queremos retornar a um mundo sem vacinas? Vamos voltar no tempo para o início do século. O ano era 1922. Duas crianças de uma mesma família morreram no mesmo dia. Anna Ivene Miller, com 2,5 anos, e Stanley Lee Miller, que tinha acabado de fazer 1 ano, foram vítimas de caxumba, sarampo e coqueluche, simultaneamente. As outras crianças da família, um total de cinco, também adoeceram, mas sobreviveram. Essa situação era comum naquela época.

Uma em cada cinco crianças morria de alguma doença infecciosa antes de completar 5 anos. Hoje, não imaginamos como essas doenças eram cruéis. Não podemos imaginar a dor de perder dois filhos para doenças tão facilmente evitáveis com vacinas.

Quem morre de sarampo ou caxumba hoje em dia? Graças às vacinas, doenças terríveis e altamente contagiosas foram quase erradicadas. Algumas, como a varíola, de fato desapareceram.

Antes de continuarmos, uma breve definição: "vacinas" são produtos que buscam estimular o sistema imune, expondo a pessoa que as recebe a o que chamamos de "antígeno" – que pode ser parte de um vírus ou de uma bactéria, ou o microrganismo inteiro, porém morto ou enfraquecido, uma parte do envoltório do microrganismo, exibindo as proteínas que são efetivamente reconhecidas pelo sistema imune – relacionado ao agente causador de uma doença infecciosa. Essa exposição vai gerar uma memória imunológica, de modo que, se o agente infeccioso real aparecer, o organismo o reconhecerá e estará pronto para reagir.

A importância da vacinação no Brasil parece ser bastante reconhecida pela população. Pesquisa conduzida pelo Datafolha em parceria com o Instituto Questão de Ciência, em 2019, mostra que 97% dos entrevistados consideram importante vacinar seus filhos. Como explicar, então, que, apesar disso, existe um movimento contra a vacinação? Mesmo o Brasil, que sempre foi um exemplo internacional de vacinação pública, vem perdendo terreno.

Em 2016, a meta de vacinação contra poliomielite não foi cumprida: vacinamos 86% da população-alvo, contra 95% recomendados pela Organização Mundial de Saúde (OMS). Foi a pior taxa de imunização dos últimos 12 anos. A pólio é considerada erradicada do Brasil desde 1990.

No ano seguinte, o Ministério da Saúde alertou que o Brasil estava passando pelo período com menor cobertura vacinal desde 2006. Segundo dados do Ministério, a cobertura vacinal da tríplice viral, que protege contra o sarampo, caxumba e rubéola, passou de 103,74%, em 2009, para 90,92%, em 2018. A cobertura da vacina contra poliomielite caiu de 103,66%, em 2009, para 87%, em 2018. A tríplice bacteriana, coqueluche, difteria e tétano, foi de 101,71%, em 2009, para 86,14%, em 2018. Estranhou os números acima dos 100%? Eles refletem doses extras, ou acima do previsto.

Quando uma parcela da população deixa de ser vacinada, podem-se criar grupos de pessoas suscetíveis, o que possibilita a circulação da doença. Quando a doença circula, ela afeta não somente aqueles que escolheram não se vacinar, mas também quem não pode ser vacinado, ou porque ainda não tem idade suficiente, ou porque sofre de algum tipo de comprometimento imune. Mesmo em condições ideais, a vacinação dificilmente chega a 100% da população. Mas quanto maior for a população vacinada, maior a proteção que ela confere, inclusive para os não vacinados. É o que chamamos de imunidade de rebanho.

Casos isolados de poliomielite e coqueluche já têm sido reportados no país. Em 2014, registraram-se dois casos de coqueluche em uma família de classe alta em São Paulo. As crianças não haviam sido vacinadas por escolha dos pais, que temiam o desenvolvimento de autismo e tumores. Mas não há nenhuma possibilidade de vacinas serem responsáveis por isso. A filha mais velha, de 6 anos, contraiu a doença e a transmitiu para sua irmã de apenas 6 meses. A bebê estava na UTI lutando pela vida, enquanto a mãe declarava que a mais velha sofreu semanas com intensa falta de ar. Por sorte, a bebê sobreviveu.

No Ceará e Pernambuco, em 2013, houve uma queda na vacinação de sarampo, seguida de um surto que acometeu 1.277 pessoas. O Brasil não tinha um único caso de sarampo autóctone – de origem local – desde 2000.

Os poucos casos eram de pessoas que vinham do exterior. Em abril de 2017, 200 pessoas ficaram em quarentena em Minnesota (EUA), após 12 casos de sarampo serem notificados em apenas duas semanas, todos em crianças não vacinadas, com menos de 6 anos. Enquanto isso, do outro lado do oceano, em Portugal, uma jovem de 17 anos morria de sarampo, decorrente de um surto da doença. Surtos de sarampo estão crescendo no mundo todo, inclusive no Brasil, com casos reportados em 2019 em diversos estados, gerando a necessidade de uma campanha de emergência, alterando até a idade recomendada da população-alvo, para incluir crianças a partir de 6 meses. Normalmente, a primeira dose seria aos 12 meses de idade.

Então, volto à pergunta: quais alegações dos movimentos antivacina? Para pais que alegam que seus filhos são "saudáveis" e, portanto, não precisam de vacinas, cabe o questionamento de se as crianças do passado, por acaso, eram menos saudáveis do que as nossas, já que adoeciam – e morriam – das mais diversas doenças infecciosas. E casos isolados reportando que seus filhos nunca tomaram vacinas, e nem por isso adoeceram, mostram falta de familiaridade com o conceito de imunidade de rebanho, que já citamos: se todas as outras crianças estão vacinadas, a doença não circula, e uma ou outra que não receber a vacina estará protegida. Adivinha o que acontece quando a imunidade de rebanho diminui? A doença volta a circular e ocorrem surtos, nos quais pessoas não vacinadas encontram-se vulneráveis.

Antes da vacina de Jonas Salk para poliomielite ser testada em 1952, aproximadamente 20 mil casos eram reportados por ano só nos EUA. No ano de 1952, particularmente, os casos chegaram a 58 mil. Hoje, depois das vacinas Salk e Sabin, a pólio foi praticamente erradicada nas Américas e Europa, sendo que os poucos casos restantes advêm de regiões sem acesso a vacinas, na Ásia e África.

Crianças acometidas pela pólio, mesmo quando sobreviviam, ficavam paralíticas, com deficiência mental, ou, na melhor das hipóteses, passavam meses em respiradores artificiais, os "pulmões de aço".

Nos EUA, antes da vacina contra sarampo, havia aproximadamente de 3 a 4 milhões de casos por ano, e uma média de 450 mortes anuais, registradas entre 1953 e 1963. Após a introdução da vacina, nenhum caso foi reportado até 2004 – quando a vacinação começou a ser questionada. Meningite era uma doença que matava em média 600 crianças por ano e deixava sobreviventes com sequelas como surdez e deficiência mental. Antes da vacina de coqueluche, quase todas as crianças contraíam a doença, com aproximadamente 150 mil a 260 mil casos reportados anualmente, com 9 mil mortes. Desde 1990, apenas 50 casos ao todo foram reportados.

Rubéola é uma doença relativamente banal em adultos, mas pode acometer gravemente crianças ao nascer se a mãe for contaminada durante a gestação. O resultado pode incluir defeitos cardíacos, problemas de visão, surdez e deficiência mental. Em 1964, antes da imunização, 20 mil bebês nasceram de mães infectadas. Desses, 11 mil eram surdos, 4 mil cegos e 1.800 apresentavam deficiência mental.

Além desses exemplos, podemos citar doenças como tuberculose, catapora, caxumba, hepatite B e difteria, que foram controladas com vacinas eficazes, mas que acometeram e mataram milhões no passado. As vacinas nos protegem contra doenças terríveis, capazes de causar sofrimento, sequelas e morte. Há 60 anos, as vacinas têm se mostrado eficazes e seguras. É importante debater algumas questões comuns postas por grupos contra as vacinas:

1. *Sarampo e coqueluche não são doenças sérias. Mesmo no surto da Califórnia de 2013, nenhuma criança morreu.* Em geral, realmente sarampo não é uma doença séria. Em alguns casos, no entanto, pode gerar sequelas e até matar. De janeiro a agosto de 2019, foram confirmados mais de 1.300 casos de sarampo no Brasil. Além disso, é uma doença debilitante que causa bastante dor e sofrimento. Coqueluche não tende a ser grave em adultos, mas costuma ser fatal em crianças pequenas e bebês.

2. *Cada pai e mãe tem o direito de escolher se seus filhos serão vacinados ou não. Que di-*

ferença isso faz para os demais? Quem quiser que vacine os seus! Não é bem assim. Algumas vacinas só imunizam a partir da terceira ou quarta dose, quando a criança está com 5 ou 6 anos. Ter uma população vacinada protege os bebês e as crianças pequenas, porque impede a disseminação da doença. Protege também pessoas com o sistema imunológico comprometido, que não podem ser vacinadas. De novo, é a imunidade de rebanho. Se você escolhe não vacinar seu filho, e aos 6 anos ele contrai uma doença, e por sua vez contamina o meu bebê de 6 meses que ainda não foi vacinado porque não tem idade, a *sua* escolha pessoal está afetando, sim, a *minha* família. E meu bebê pode morrer porque você não vacinou seus filhos. Eu não compartilho da sua escolha, mas sou afetada por ela. Portanto, se você optar por não vacinar seu filho, não reclame depois se ele não for aceito em alguma escola que exige calendário de vacinação completo. E tenha consciência de que a sua escolha pessoal, baseada em boatos e estudos sem comprovação científica, está colocando a vida de outras pessoas em risco.

3. *Antes de 1940 não existia autismo. Depois das vacinas, os casos de autismo começaram a aparecer.* Antes de 1940 também não existiam telenovelas, *streaming*, canola, redes de fast-food, computador pessoal, celulares, rock and roll, realidade virtual, satélites em órbita etc.
NÃO estamos, absolutamente, sugerindo que qualquer um desses possa "causar" autismo. Mas nem toda coincidência de datas indica relação de causa e efeito, e muitas outras coisas mudaram desde 1940. Além disso, o critério para diagnóstico de autismo foi alterado para incluir uma gama de novos transtornos, e o próprio diagnóstico clínico melhorou muito, assim como o número de casos reportados, contribuindo para a elevação das estatísticas. O primeiro uso do termo "autismo" na literatura científica é de 1943, e o primeiro paciente diagnosticado como autista foi um americano em 1938. Donald Triplett ainda está vivo e consegue recitar partes da Bíblia de cor desde os 2 anos, além de ser capaz de identificar notas individuais tocadas no piano.
4. *O mercúrio nas vacinas é neurotóxico.* O timerosal, utilizado como conservante

em certas vacinas, não é o mesmo mercúrio encontrado nos termômetros, e, além disso, a concentração utilizada é baixíssima, muito menor do que a encontrada na água potável. Não existe qualquer evidência de que o mercúrio presente nas formulações vacinais cause autismo ou qualquer outra doença neurológica. Além disso, seu uso caiu muito desde 2001, sendo adotado hoje em pouquíssimas formulações vacinais. Se houvesse uma relação direta, os números de autismo teriam despencado desde então.

5. *O atual calendário vacinal tem um número muito elevado de antígenos e pode comprometer o sistema imune "natural" das crianças por sobrecarga.* As crianças são expostas a milhares de antígenos o tempo todo, desde o nascimento. As vacinas contribuem com aproximadamente 300 antígenos até 2 anos de idade, de acordo com dados do CDC, o Centro para Controle de Doenças dos Estados Unidos. O número no Brasil é equivalente. Esses antígenos usariam 0,1% do sistema imune. Além disso, as vacinas mais modernas são feitas com subunidades, ou seja, contêm apenas partes de vírus ou bactérias, utilizando ainda

menos antígenos do que se a criança fosse infectada normalmente. Portanto, mais uma vez, se houvesse uma relação direta com o número de antígenos e os casos de autismo, estes teriam despencado com as novas formulações vacinais. E isso não aconteceu.

Curiosamente, o medo das vacinas espalhado pelas redes sociais começou por causa de um médico que nunca foi, de fato, antivacinas. Ele apenas queria ficar rico vendendo uma vacina única para sarampo, então, para isso, fraudou um trabalho científico para relacionar a tríplice viral MMR – que protege contra sarampo, rubéola e caxumba – com autismo.

Trata-se do médico inglês Andrew Wakefield, que, em 1998, publicou um estudo na revista médica *The Lancet*, uma das mais importantes do mundo, que foi o estopim do maior movimento antivacinas da história. O estudo relacionava a vacina tríplice viral com o desenvolvimento de uma síndrome intestinal e sintomas de autismo em crianças.

O estudo, cujas consequências nefastas se fazem sentir até hoje, contava com uma amostra de apenas 12 crianças, que teriam sido admitidas no hospital Royal Free, ao norte de Londres, para tratar de problemas intestinais. Wakefield tentava estabelecer uma relação entre doença de Crohn, autismo e a vacina MMR. Problemas intestinais são comuns em crianças autistas e o médico fraudou os dados para indicar uma correlação.

Antes mesmo de o estudo ser publicado, foi convocada uma coletiva de imprensa, onde Wakefield lançou um vídeo de divulgação da sua teoria: MMR causava autismo em crianças porque era uma combinação muito forte de antígenos de uma só vez.

Wakefield pedia um boicote imediato à vacinação com MMR, em favor de vacinas simples contra cada uma das doenças, que seriam dadas em intervalos de tempo maiores. A vacina MMR vinha sendo utilizada nos EUA desde 1970 e no Reino Unido desde 1980, em crianças a partir de 1 ano, ajudando a quase erradicar sarampo, rubéola e caxumba desses países.

Uma investigação jornalística minuciosa, conduzida pelo repórter britânico Brian Deer, desmascarou completamente o que hoje sabemos ter sido uma das maiores fraudes da história da Medicina.

Deer descobriu que, dois anos antes da publicação do artigo, em 1996, Wakefield havia sido contratado por um advogado chamado Richard Barr, que planejava processar a companhia farmacêutica responsável pela produção da MMR.

Barr havia reunido famílias interessadas em processar a empresa e que culpavam a vacina pelo autismo de seus filhos. Mas ele precisava de alguém para oferecer respaldo científico e testemunhar como perito médico. Wakefield cobrou a bagatela de 150 libras por hora, mais a quantia de 55 mil libras, para usar na pesquisa. Isso totalizou aproximadamente 430 mil libras, o equivalente na época a 750 mil dólares, que foram creditados na conta da esposa de Wakefield.

Ainda, um ano antes de o estudo ser publicado, Wakefield pediu uma patente para sua mais nova invenção: uma vacina simples para sarampo. Tudo estava pronto. Só faltava acabar com a credibilidade da MMR. O advogado lucraria milhões com o processo, e Wakefield lucraria milhões vendendo sua nova vacina. Ele também havia pedido a patente de um processo de "cura total" para o autismo, então poderia vender este também.

E como descreditar a MMR? Wakefield tinha uma receita muito simples. Reúna 12 crianças com problemas intestinais e sintomas de autismo e diga que os sintomas começaram após a vacinação com MMR. Durante a investigação, no entanto, Brian Deer descobriu que os prontuários médicos de todas as 12 crianças tinham sido adulterados.

Como a relação entre MMR e autismo não existe, foi preciso dar uma "ajustada" nos registros. O estudo dizia que todos os pacientes apresentaram alterações de comportamento e problemas intestinais aproximadamente 14 dias após receberem a vacina MMR. Entrevistas com os pacientes, e o acesso aos registros originais, mostraram que isso não ocorreu em nenhum dos casos. Alguns relatavam sintomas meses ou anos antes da aplicação da vacina; outros, meses depois. Além de falsificar dados e fabricar uma fraude, Andrew Wakefield submeteu crianças a exames invasivos, como colonoscopia e punção lombar, sem a menor necessidade.

Em 2004, Wakefield foi considerado culpado de fraude, conduta profissional inadequada e antiética, e teve sua licença médica cassada. A *British Medical Journal/ Revista Britânica de Medicina* (BMJ) acusou o hospital Royal Free e a revista *The Lancet* de conduta editorial e institucional inadequadas. A revista se retratou e retirou o artigo de suas publicações. Todos os coautores retiraram seus nomes do estudo. O hospital demitiu Wakefield.

Tarde demais: o estrago maior havia sido feito. Wakefield já havia conquistado fiéis seguidores em todo o mundo. Alguns célebres, como a atriz Jenny McCarthy e o ator Jim Carrey, abraçaram a teoria de Wakefield, alegando que o pobre médico foi vítima de uma conspiração internacional e que Brian Deer teria sido pago para caluniá-lo.

Para determinar causa e efeito, precisamos de estudos com modelos animais. Precisaríamos de um estudo com um número grande de animais, divididos em dois grupos, um receberia a vacina e o outro seria o grupo controle, não vacinado. Para isso, usaríamos animais geneticamente idênticos. Precisaríamos, então, demonstrar que o grupo que foi vacinado apresentou alterações de comportamento e cerebrais. Nesses animais, sim, poderíamos realizar exames invasivos e até mesmo, se necessário, sacrificá-los, seguindo os procedimentos éticos certificados, e verificar se houve qualquer efeito da vacina nos tecidos.

Mas não se pode apontar qualquer coisa que pareça correlacionada a outra como causa. Principalmente, a partir de uma amostra de apenas 12 indivíduos. Antes de retirar a publicação de Wakefield, a revista ofereceu publicar um novo estudo, se ele conseguisse reproduzir esses resultados com um número maior de crianças. Wakefield recusou.

Quando as pessoas querem acreditar em alguma coisa, e, finalmente, encontram um culpado para seus problemas, é muito difícil dissuadi-las. Quando ficou claro que Wakefield estava errado, os ativistas antivacina quiseram culpar o mercúrio presente nas formulações vacinais. No entanto, o mercúrio foi retirado da maior parte das vacinas no início do século, e o número de casos de autismo continua crescendo.

No primeiro surto de sarampo pós-Wakefield, na Irlanda, um casal de imigrantes romenos perdeu sua filha mais velha. Eles foram para o Reino Unido em busca de condições de vida melhores. A criança ainda não estava na idade de receber a vacina, e com a falta da imunidade de rebanho, foi exposta a um surto. O vírus afetou seu cérebro, e ela não resistiu.

O movimento antivacinas não é, porém, o único responsável pela queda da cobertura vacinal, principalmente no Brasil. O sentimento de que não é necessário vacinar, porque vivemos em uma geração que teve pouco contato com doenças infecciosas graves como a poliomielite, o apelo do retorno ao "natural", com a promessa de um corpo saudável e naturalmente resistente a doenças só com base em dieta e exercícios, além de problemas de logística e distribuição, certamente contribuíram para o atual cenário.

De certa forma, as vacinas são vítimas do próprio sucesso. As pessoas esqueceram como era viver sem vacinas, e que, graças a elas, vencemos várias doenças infecciosas. Há 60 anos, as vacinas têm se mostrado eficazes e seguras. O mundo antes das vacinas não parece um local muito alentador. Não tentemos voltar para lá.

4

Higiene e saneamento básico

Já parou para pensar de onde vem a água da sua torneira? Por que você pode bebê-la sem medo e utilizá-la para lavar utensílios e alimentos? E o sistema de esgoto? O hábito de lavar as mãos e tomar banho?

Receber água limpa, levar a água suja para onde possa ser tratada, manter o corpo limpo e evitar o contato dos alimentos com sujeira: são medidas públicas e individuais que nos permitem não só manter a saúde, mas fazem com que a geração atual de brasileiros goze de uma expectativa de vida de 75 anos. No início do século passado, a expectativa de vida era de 40 anos.

Saneamento básico é considerado pela Organização Mundial de Saúde como uma das três invenções mais importantes do século XX para saúde pública. As outras duas são vacinas e antibióticos, que já vimos em capítulos anteriores.

Parece óbvio que noções básicas de higiene façam parte do nosso dia a dia. Mas nem sempre foi assim. A intuição de que limpeza é algo, em geral, bom e desejável surgiu em diversas culturas ao longo da história, mas a ciência de por que ser assim é relativamente recente. As primeiras ações com base em observações científicas sobre a relação entre higiene e saúde datam de meados do século XIX, com os trabalhos de Edwin Chadwick (1800-1890) e Florence Nightingale (1820-1910). Apesar de isso ter acontecido antes do trabalho de Louis Pasteur (1822-1895), cujos experimentos ajudaram a estabelecer a "teoria dos germes", que liga microrganismos a problemas de saúde, Chadwick e Nightingale já conseguiam associar medidas básicas de higiene e saneamento à redução de doenças infecciosas.

Chadwick implementou o primeiro departamento de saneamento básico da Inglaterra, e Nightingale implantou medidas básicas de higiene nos hospitais da Turquia, durante a Guerra da Crimeia, reduzindo drasticamente a taxa de mortalidade dos soldados para doenças como tifo.

Chadwick e Nightingale, apesar de conseguirem relacionar a falta de higiene à ocorrência de doenças, ainda acreditavam na teoria dos miasmas. Antes de Pasteur demonstrar a existência de microrganismos como agentes infecciosos, acreditava-se que as doenças eram causadas por "miasmas", que seriam vapores e odores exalados por sujeira, lixo e material em decomposição. Ambientes abafados também eram considerados repositórios de miasma. Hoje em dia, com a disseminação dos aparelhos de ar-condicionado, ambientes abafados tornaram-se menos comuns, e, com eles, a sensação de se estar num espaço "miasmático", insalubre. Mas a redução do desconforto não representa, necessariamente, eliminação de risco: sistemas de ar-condicionado sem manutenção adequada podem abrigar microrganismos perigosos.

Às vezes, tomar atitudes com base numa teoria errada até dá certo, como no caso do hospital de guerra em que Nightingale atuava. Afinal, remover tudo que estava podre ou cheirava mal era quase a mesma coisa que remover tudo que estava contaminado por bactérias causadoras de doenças. Mas nem sempre. Quando Chadwick resolveu montar o sistema de esgoto de Londres – uma ótima ideia, por sinal –, ele decidiu escoar os dejetos direto para o rio Tâmisa, que era também a principal fonte de água da cidade. Isso contaminou o rio e agravou a epidemia de cólera que atingiu Londres.

John Snow (1813-1858), por outro lado, era um médico que não acreditava em miasmas. Ele falava que o cólera era transmitido pela água. Conduzindo um estudo que foi praticamente um trabalho de detetive, mapeando e rastreando os casos de cólera pela cidade, chegou a um poço de água doméstico e demonstrou que as pessoas que se abasteciam lá adoeciam.

Outra figura importante dessa época foi Ignaz Semmelweis (1818-1865). Na metade do século XIX, este jovem médico tentava desvendar um mistério no hospital geral de Viena, capital da Áustria: por que muito mais mulheres morriam de febre puerperal (infecção após o parto) nas maternidades operadas por médicos homens do que nas maternidades operadas por parteiras mulheres? Semmelweis começou a comparar as duas maternidades e, após estudar algumas diferenças, como a posição da gestante durante o parto e a presença de um padre – e ver que não faziam a menor diferença na taxa de mortalidade –, ele percebeu que a diferença que realmente importava era a de que os médicos faziam autópsias e as parteiras, não. Na época, não havia nenhum tipo de assepsia. Hoje, relendo a história, é fácil perceber que os médicos carregavam microrganismos dos cadáveres para a maternidade e contaminavam as gestantes no momento do parto. O jovem médico implantou, então, uma rotina para que os médicos e a equipe lavassem as mãos e os instrumentos em uma solução com cloro. Na verdade, ele nem sabia que o cloro era um desinfetante, mas parecia ser a melhor escolha para tirar o cheiro de gente morta que ficava impregnado.

O hábito de lavar as mãos é considerado pelo Centro de Controle de Doenças dos EUA como a atitude mais importante para evitar infecções. Clorar a água e estabelecer um sistema de esgoto para escoar os dejetos foram ações que mudaram o panorama da saúde pública em todo o mundo. Muitos restaurantes, hoje em dia, têm placas em seus banheiros dizendo que os funcionários são obrigados a lavar as mãos antes de voltar ao trabalho. É uma ordem que faz muito bem para preservar saúde dos clientes (que, aliás, deveriam também lavar as mãos antes de retornar à mesa).

No início do século XIX, industrialização e imigração causaram um aumento e concentração de pessoas nas cidades. As péssimas condições de habitação e a ausência de sistemas de tratamento de água e esgoto levaram a surtos de cólera, disenteria, tuberculose, febre tifoide, gripe e malária. A mortalidade infantil e materna era notável, e as doenças infecciosas eram a principal causa de morte, trazendo a expectativa de vida para meros 40 anos. Doenças cardiovasculares e câncer eram responsáveis por menos de 12% das mortes em 1890. Hoje, são a principal causa. Doenças infecciosas, por outro lado, eram responsáveis por pelo menos 25% das mortes; e, hoje, mal chegam a 5%.

O quadro só começou a mudar quando medidas de saneamento básico passaram a ser adotadas. Em 1908, o primeiro departamento de saúde foi criado nos EUA com a missão de prover informação sobre procedimentos básicos de higiene e como ter acesso a água tratada e esgoto. A cloração da água começa também no início do século XX, reduzindo as doenças transmitidas por água contaminada. Melhores condições de habitação, com mais ventilação e menos aglomerados de pessoas, reduziram as taxas de tuberculose.

Um controle de animais e vetores (mosquitos, carrapatos e outros bichos que transmitem doenças) também foi implementado, e a vacina da raiva – então, recém-descoberta – começava a ser aplicada em animais. O controle de mosquitos reduziu as taxas de malária, e o controle de roedores, junto com a introdução da quarentena para navios contaminados com peste negra, praticamente eliminou a doença. O acesso à agua tratada e encanada e ao sistema de esgoto deveria ser conquista universalizada, mas isso está longe de acontecer: esses recursos ainda são inacessíveis em várias regiões do mundo, incluindo muitos lugares no Brasil.

A Organização Mundial de Saúde estima que 1,1 bilhão de pessoas não têm acesso a água tratada e 2,6 bilhões não têm acesso a saneamento básico adequado. Como resultado, aproximadamente 4.500 crianças, menores de 5 anos, morrem diariamente de doenças facilmente evitáveis, como uma simples diarreia. São aproximadamente 1,5 milhão de crianças por ano, mais crianças do que perdemos para aids, malária e saram-

po. Muitas outras, embora sobrevivam, sofrem de condições precárias de saúde, com alto índice de infecções parasitárias que diminuem sua produtividade e oportunidade de educação.
No Brasil, os números não são lá muito promissores. Segundo o Sistema Nacional de Informação sobre Saneamento (SNIS), apenas 50,3% dos brasileiros têm acesso a esgoto, o que significa que mais de 100 milhões de pessoas utilizam recursos como fossas sépticas, ou jogam dejetos diretamente em rios. O acesso à água tratada é bem melhor, mas ainda não cobre toda a população, ficando em 83%.
A distribuição pelas regiões também é bastante desigual. No Norte, apenas 49% da população tem acesso à água, e uma taxa absurdamente baixa, de apenas 7,4%, com acesso a esgoto. O Estado em pior situação é o Amapá, com 34% de acesso à água e 3,8%, a esgoto. São Paulo é o Estado em melhor situação, com 96% das pessoas com

acesso à água tratada e 88,4% a esgoto. O Brasil viveu uma pandemia de cólera entre 1991 e 2001, que, segundo a Sociedade Brasileira de Infectologia (SBI), matou mais de 2 mil pessoas e infectou mais de 160 mil. O maior número de casos concentrou-se no Nordeste.

Percorremos um longo caminho desde as carcaças de animais nos hospitais, e os médicos que não lavavam as mãos. Hoje, temos o conhecimento de como medidas simples de higiene e saúde pública contribuem para diminuir a incidência de doenças infecciosas.

Há pouco mais de um século, a Medicina fez avanços em saúde pública que permitiram uma melhora sem precedentes na qualidade e expectativa de vida. A ciência está por trás de cada pedido que fazemos às crianças para lavarem as mãos antes da refeição. Também devemos nos lembrar dos cientistas toda vez que abrimos a torneira para lavar uma fruta e tomar um copo d'água.

5

Genética e alimentação

Fazer feira e supermercado já foi mais simples. Havia muito menos opções. E opções em excesso, por vezes, podem paralisar. Quais alimentos são saudáveis? É melhor consumir orgânicos? Os pesticidas causam câncer? O que exatamente são alimentos transgênicos? Essas dúvidas aparecem toda vez que temos que decidir uma simples compra da semana. Quando temos crianças, então, nem se fala. Queremos a melhor alimentação para os bebês. Que cuidados são realmente necessários? Para responder, temos que conhecer um pouco de história e alguma ciência.

Um dia fomos coletores-caçadores nômades. Nessa época, há mais de 10 mil anos, vivíamos literalmente do que a terra dava. Tudo o que consumíamos era natural. Aos poucos, a humanidade começou a domesticar plantas e animais. A agricultura foi uma revolução importante na trajetória do *Homo sapiens* até chegar ao mundo atual em que quase nada do que consumimos pode ser considerado "natural". Nenhuma das nossas principais culturas (arroz, milho, soja, trigo, algodão) existe livremente na natureza, nem é capaz de sobreviver sem a interferência humana.

O ditado "em se plantando tudo dá" deveria ser modificado para "SÓ se plantando alguma coisa dá". Sozinho nada dá. Nossa alimentação baseia-se em plantas domesticadas, dependentes do cultivo humano. A não ser que você queira sobreviver pescando salmão selvagem (cuidado com os ursos), ordenhando búfalas selvagens (por favor, não tente fazer isso) e comendo frutas vermelhas do bosque, tudo o que sustenta a vida humana hoje, de origem vegetal e animal, foi intensamente modificado pelo homem.

Desde o início da agricultura, plantas vêm sendo selecionadas artificialmente, de acordo com características desejáveis. Essa seleção provavelmente originou-se de maneira inconsciente e espontânea. O trigo e a cevada selvagens, por exemplo, apresentam sementes na ponta do caule, que se estilhaça naturalmente, fazendo com que as sementes caiam no solo e germinem. Uma mudança genética que impeça a quebra do caule não é interessante na natureza, porque impede que as sementes caiam. Mas essa mesma mutação é muito interessante para o agricultor, que pode colher as sementes mais facilmente, e ele mesmo colocá-las no solo, onde quiser, para germinar. Essa seleção provavelmente foi feita pelos nossos antepassados há milhares de anos, simplesmente porque facilitava a plantação. Campos de trigo que aparecem na arte desde o Egito antigo e até poucos séculos atrás, em pinturas renascentistas, eram altos e densos. Na literatura, eram citados como lugares onde pessoas podiam se perder. Aos poucos, nossos ancestrais foram selecionando plantas mais baixas, fáceis de colher, e com muito mais grãos. Certamente, essas plantas apresentavam alterações genéticas que direcionavam sua energia para produção de grãos, não para ganhar altura. Os agricultores do passado não sabiam desse detalhe genético, apenas lhes interessava o resultado.

Desde então, com o acúmulo de conhecimento e observações, os agricultores começaram a selecionar as plantas que eram maiores, mais suculentas, de melhor sabor, que sobreviviam a doenças e pragas, e começaram a plantar as sementes que vinham delas. As demais eram descartadas. O processo chama-se seleção artificial.

Pense nas raças de cães. Elas também foram obtidas por seleção artificial. Ao longo das gerações, fomos selecionando animais mais dóceis e mais vistosos para companhia, mais robustos para trabalho, mais agitados para o pastoreio. Aconteceu, muitas vezes, de junto com as características desejadas, aparecerem outras, como surdez e displasia. Algumas raças de cães eram simplesmente inviáveis, enquanto outras davam certo e faziam sucesso. Animais de criação também foram selecionados, assim, vacas que produzem mais leite, frangos que engordam com mais facilidade, galinhas que botam mais ovos.

No caso das plantas, com o desenvolvimento da agricultura, esses processos foram ficando cada vez mais sofisticados e incluíram não somente a seleção de características desejadas, mas técnicas de cruzamentos forçados para obtenção de híbridos, indução de mutagênese com agentes químicos e raios gama, propagação por mudas ou estacas, e, logicamente, a produção de organismos geneticamente modificados (OGMs).

Todas essas técnicas de seleção artificial contribuem para diminuir a diversidade genética das espécies, já que apenas as variedades com genes que produzem características interessantes para o consumo humano são preservadas. Isso as torna mais vulneráveis a pragas e doenças e aumenta a dependência dos defensivos agrícolas, como pesticidas, inseticidas e herbicidas. É inevitável. O crescimento e a mecanização da produção também contribuíram para aumentar essa dependência.

Claro que isso foi um processo gradual desde que começamos a praticar agricultura, mas, com o tempo, a seleção artificial acabou favorecendo genes que tornam as plantas mais atraentes e palatáveis, em detrimento daqueles que serviriam de defesa natural para pragas. As plantas produzem defensivos naturalmente, mas, muitas vezes, isso as torna inviáveis para o consumo. Ao selecionarmos as mais próprias para nossa alimentação, muitas vezes, selecionamos também as que não produzem mais os compostos tóxicos que as defendiam de predadores. E, assim, temos variedades cultivadas (ou cultivares) suscetíveis a pragas. São plantas domésticas, que dependem do homem para sobreviver.

Durante muito tempo, ninguém se preocupou com essas questões. Quando Rachel Carlson publicou o livro *Primavera silenciosa*, em 1962, esse panorama começou a mudar. A autora foi a primeira a questionar o uso de agrotóxicos na produção e seus impactos sobre a saúde humana e o ambiente. A agricultura orgânica, com o uso reduzido e seletivo de pesticidas, começou a ganhar espaço. Mas, ainda assim, nada se compara ao furor que os OGMs causaram na mídia e na opinião pública.

Pouca gente conhece a trajetória que fez o alimento até chegar em seu prato. Há diversas técnicas de melhoramento genético usadas há anos, inclusive na agricultura orgânica. Criou-se, assim, a falsa dicotomia entre o "natural" e o "modificado". Além disso, em geral, as pessoas não percebem como os OGMs estão presentes em nossa vida também há pelo menos 40 anos, e não somente na forma de alimentos.

Bactérias geneticamente modificadas produzem insulina humana desde 1976. Sorte dos diabéticos, que antes dessa técnica, precisavam utilizar insulina extraída do pâncreas de porcos ou vacas, que não é exatamente igual à humana, e, por isso, com o passar dos anos, podia gerar intolerância e reações alérgicas. Isso sem contar o que se reduziu de custo de produção e sofrimento animal.

A fabricação de queijo também depende de OGMs. Para fazer queijo, a caseína, uma molécula presente no soro do leite, precisa ser "coalhada". Para isso, é utilizada uma enzima, a renina, que até 1990 era extraída do estômago de bezerros ou de filhotes de ovelha e cabra, que a utilizam no processo de digerir o leite da mãe. Hoje, essa enzima é produzida por bactérias geneticamente modificadas. O que reduziu a um décimo o custo da obtenção da enzima e tornou desnecessário o abate dos filhotes.

Há técnicas tradicionais de modificação genética, muito mais simples que as OGMs, e que são utilizadas inclusive pela agricultura orgânica. Elas também alteram de forma significativa o DNA, gerando cultivares que nada têm de natural. São elas:

- *Hibridização* – polinização forçada entre espécies diferentes, gerando um híbrido com características desejadas de ambos os parentais. O híbrido normalmente não acontece espontaneamente na natureza, e suas sementes não são reutilizadas, de modo que o agricultor compra as sementes todo ano. A planta híbrida não é estéril, mas suas sementes geram uma planta de nível inferior. A agricultura orgânica utiliza híbridos. Grande parte dos cultivares modernos são híbridos. Entre as vantagens que podem ser obtidas graças à hibridização, estão maior produtividade, resistência a certas pragas e qualidade mais consistente.

- *Mutagênese induzida* – agentes químicos, como etil-metano sulfonato (EMS), ou radiação gama são utilizados para induzir mutações nas sementes. Plantas mutantes com características desejadas são, então, selecionadas e propagadas. Nossa laranja-pera foi selecionada por esse método, gerando plantas mais produtivas. A coloração mais vermelha na grapefruit americana também é resultado de mutação induzida. Essa prática é permitida na agricultura orgânica. A FAO, entidade subordinada à Organização das Nações Unidas (ONU) para assuntos de agricultura, registrou mais de três mil cultivares, nos últimos 40 anos, que foram obtidos com mutação induzida.

• *Fusão de protoplastos* – Manipulação de protoplastos (que são células vegetais sem parede celular) para fundir ou transferir características entre espécies. Também é uma forma de gerar híbridos. Tomate, laranja e orquídeas são exemplos dessa técnica. Orgânicos inclusive.

• *Poliploidia* – seleção de organismos com cromossomos triplicados ou quadruplicados, que geram plantas mais vigorosas, com frutos e sementes maiores. Em geral, foram selecionadas por seleção artificial convencional, como é o caso da banana e da batata. Em alguns casos, como da melancia, a poliploidia foi induzida pelo uso de colchinina, que é um inibidor de mitose, ou seja, impede a divisão celular. Apresentam baixa fertilidade e necessitam de propagação vegetativa, por mudas e estacas, resultando em populações com baixíssima variabilidade genética.

Existem variedades orgânicas produzidas por todos esses métodos.

ORGANISMOS GENETICAMENTE MODIFICADOS

Já deu para perceber que os alimentos que consumimos, e diversos produtos e medicamentos utilizados no nosso dia a dia, são geneticamente modificados. Então, por que tanto medo dos organismos geneticamente modificados? Qual a diferença entre os OGMs propriamente ditos e os modificados pelas técnicas que apresentamos até agora, como hibridização, radiação ou poliploidia? Vamos primeiro entender exatamente como os alimentos transgênicos são feitos.

Um OGM clássico, como as principais variedades que temos hoje no mercado, foi geralmente obtido pela introdução artificial, em laboratório, de um gene que não pertence normalmente àquela planta. Pode ser da mesma espécie, de outra espécie de planta, ou ainda de uma bactéria ou vírus. A técnica mais comum quando os primeiros OGMs foram desenvolvidos utilizava uma bactéria comum de solo – *Agrobacterium* –, que naturalmente infecta células vegetais, para introduzir o gene de interesse na planta.

Trocas gênicas entre espécies são comuns, e não é novidade as plantas apresentarem genes de bactérias ou de vírus. Além disso, já vimos que as diversas técnicas de melhoramento genético também alteram o DNA das plantas, e de maneira muito menos pontual e controlada do que com as técnicas modernas. Quando um OGM é construído, apenas o DNA de interesse é manipulado, e o resto do genoma fica intacto. Sabemos exatamente onde está a alteração. Quando induzimos uma mutação com radiação ou agentes químicos mutagênicos, e selecionamos o resultado desejado, não temos controle de outras alterações que podem ter ocorrido no DNA da planta. Assim, características indesejadas podem ser selecionadas em conjunto, como nos cães de raça.

Técnicas mais modernas de edição de genoma, baseadas na tecnologia de CRISPR-Cas9, atingem um grau de precisão ainda maior, e não utilizam, necessariamente, DNA de outros organismos. Neste caso, a própria definição de transgênico, como algo que envolve um gene "trans", originário de outro organismo, é questionável. Na técnica tradicional, geralmente, utiliza-se uma bactéria para fazer a entrega do gene, e pode-se usar genes de bactérias ou de outras plantas, que carreguem a característica desejada. As variedades de milho e algodão BT, por exemplo, carregam um gene da bactéria *Bacillus thuringiensis*, que produz uma proteína tóxica para a lagarta que preda as plantações. A toxina BT é usada também em sua forma natural na agricultura orgânica, como pesticida. Produz o mesmo efeito, de matar a lagarta, mas precisa ser pulverizado na plantação toda, enquanto, no OGM, a toxina é produzida pela própria planta.

Já com edição de genoma pelo processo CRISPR-Cas9, não há necessariamente nenhum gene externo a ser introduzido. Pode-se apenas ligar ou desligar um gene natural do próprio cultivar. O método usa uma enzima bacteriana que consegue "cortar e colar" pedaços de DNA. Assim, pode-se inserir ou retirar genes da planta, manipulando a expressão de características desejáveis.

Se não existe transgenia, o

alimento modificado por edição de genoma é um OGM? Deve ser regulado como tal? A União Europeia acredita que sim, e também as normas de agricultura orgânica, que excluem qualquer tipo de modificação genética moderna. Plantas criadas por técnicas convencionais não são submetidas a nenhum tipo de teste antes de ir para o mercado. Assim, algumas vezes, o produto final pode trazer consequências indesejáveis. Existe uma variedade de aipo, ou salsão, que é um exemplo de seleção artificial que não deu muito certo. Lembra-se das características indesejáveis que pegam carona na seleção?

As plantas apresentam defesas naturais contra predadores. Muitas vezes, a defesa é um veneno. O salsão produz um composto tóxico chamado psoraleno, que o torna resistente a insetos. Agricultores selecionaram um cultivar com alto teor de psoraleno, aproveitando essa característica. No entanto, trabalhadores rurais desenvolveram uma alergia severa durante a época de colheita. Como o produto final não foi testado antes de ser colocado à disposição dos agricultores, ninguém soube prever o efeito adverso. Resultado: esse cultivar de salsão foi retirado do mercado, e voltamos a comercializar os antigos, que não são tão resistentes a insetos, mas que também não causam efeitos adversos em humanos.

Às vezes damos sorte, e os genes que entram de carona são vantajosos. A nossa cenoura só é laranja porque essa era a cor oficial da Holanda. Agricultores holandeses selecionaram essa cenoura, entre outras roxas e brancas, para agradar ao rei. Por sorte, essa cor laranja era resultado de uma quantidade grande de betacaroteno, que é precursor da vitamina A.

E um OGM? Existem casos de efeitos indesejados? Sim, mas como são submetidos a diversos testes antes de aprovados para a comercialização, esses produtos com problemas não chegam ao mercado. Por exemplo, em 2005, houve uma tentativa de fazer uma ervilha transgênica resistente a pragas. No entanto, demonstrou-se que o produto final causava alergia em camundongos. Essa ervilha nunca chegou a ser oferecida para os agricultores ou consumidores.

PODEMOS COMER SEM MEDO, ENTÃO?

A cautela em relação aos OGMs é compreensível, uma vez que não houve um grande esforço da classe científica para esclarecer como a técnica funciona e os benefícios que pode trazer. Muitos dos medos em relação aos OGMs consideram que os cientistas estão "brincando de Deus", quando fazem modificações genéticas.

Mas vimos aqui que, quando comparamos as diversas técnicas de modificação genética, quem fazia uma "roleta russa" de DNA eram, de fato, nossos ancestrais. Cada vez que cruzavam espécies diferentes ao acaso, sem saber quais mutações estavam produzindo e quais genes estavam alterando, nossos antepassados introduziam espécies completamente novas na agricultura e pecuária, e isso tudo sem nenhum tipo de teste ou precaução.
Hoje, sabemos que a biotecnologia pode contribuir para um mundo mais sustentável. O arroz dourado, por exemplo, é um OGM criado para produzir o betacaroteno, que, como vimos, é um precursor de vitamina A. Estima-se que o arroz representa 80% da base da alimentação diária de 3 bilhões de pessoas. Em algumas regiões do planeta, principalmente países pobres na Ásia, o arroz é quase a única fonte de alimentação. Nessas regiões, a Unicef estima que 124 milhões de crianças apresentam carência nutricional de vitamina A.

Essa carência, normalmente associada a problemas de visão, acomete também o bom funcionamento do sistema imune. Outro estudo da OMS demonstrou que aproximadamente 250 mil a 500 mil crianças ficam cegas por ano, e metade desse número morre de infecções, por falta de vitamina A. A suplementação com vitaminas sintéticas seria uma solução óbvia, mas é muito cara. A base da dieta dessas crianças é o arroz, e elas não consomem nenhuma fruta ou verdura que contenha vitamina A. Como arroz normalmente não contém vitamina A, trata-se de uma dieta bastante deficiente. Um estudo publicado na *American Journal of Clinical Nutrition* demonstrou que 50g do arroz dourado por dia suprem 60% da necessidade diária de vitamina A. Logicamente, o arroz dourado sozinho não vai resolver o problema. É claro que o ideal seria que essas crianças tivessem acesso a uma alimentação balanceada. Mas entre o ideal e o real, o arroz dourado é uma solução viável e segura para ajudar a controlar um grave problema de saúde pública.

Em 1990, a produção de mamão papaia do Havaí foi acometida por uma virose. O papaia foi quase extinto nessa região, deixando diversos fazendeiros à beira da falência. Alguns anos depois, um pesquisador havaiano, Dennis Gonsalves, da Universidade de Cornell, desenvolveu uma variedade transgênica que carrega um gene do vírus, conferindo imunidade ao mamão. As sementes foram distribuídas gratuitamente para os fazendeiros locais. Como os OGMs contiveram a disseminação da doença, da mesma maneira que ocorre com a imunidade de rebanho para uma vacina, agricultores orgânicos também foram beneficiados e suas plantações apresentaram uma redução na infestação pelo vírus.

A brasileira Embrapa desenvolveu um feijão resistente ao vírus do mosaico dourado, usando técnicas parecidas com a do mamão papaia no Havaí. Esse vírus é transmitido pela mosca branca, e uma lavoura infectada pode sofrer perda de 40%-100% da produção. A infestação de mosca branca acomete as lavouras principalmente das regiões centrais do Brasil (MT, GO, DF, BA, PE, MG, SP, PR), de clima mais quente.

As plantas infectadas pelo vírus não crescem, ficam amareladas, o que forma um "mosaico" de verde e amarelo nas folhas. As vagens e os grãos ficam inviáveis. A mosca prolifera rapidamente. Pode-se contabilizar até 300 insetos por planta. O ciclo de vida é de apenas 19 dias, do ovo ao inseto adulto. As ninfas, os insetos que acabaram de sair dos ovos, já são capazes de transmitir o vírus, sugando a seiva da planta. Quando uma mosca adquire o vírus de uma planta contaminada, passa o resto da vida com a capacidade de transmiti-lo para outras plantas. O feijão é especialmente suscetível.

Essa variedade transgênica diminuiu o uso de inseticidas no combate à mosca branca, agente transmissor do vírus. Uma plantação acometida pela doença pode perder toda a produção. O feijão da Embrapa foi aprovado para o consumo no Brasil em 2011, mas somente em 2019 conseguiu chegar ao mercado. E foi um sucesso: todo o estoque de sementes da Embrapa foi vendido.

Esses são apenas exemplos de cultivares que já foram aprovados. Vários outros estão em desenvolvimento em universidades e instituições independentes, sem relação com grandes corporações transnacionais. Arroz resistente a doenças, uma manga que amadurece mais lentamente, facilitando a exportação, um feijão com mais proteínas que seria uma alternativa para veganos e vegetarianos, variedades de arroz e feijão resistentes a secas etc.

O principal objetivo dos OGMs sempre foi a diminuição do uso de defensivos e a biofortificação, isto é, a inclusão de genes que levam a planta a ter mais nutrientes. Com a diminuição do uso de defensivos, diminui também o uso de combustível necessário para o transporte e pulverização, reduzindo a emissão de poluentes. O aumento no rendimento permite usar menos terra e gastar menos água, contribuindo para uma agricultura mais sustentável.

Alimentos geneticamente modificados estão no mercado há mais de 20 anos. Animais de criação nos EUA consomem soja e milho transgênicos na ração há mais de 20 anos. Não existe um único relato de caso de animais que tenham adoecido ou desenvolvido tumores por causa disso. Diversos trabalhos científicos já foram publicados, avaliando a segurança alimentar de OGMs. Em 2013, um grupo de cientistas italianos publicou uma análise detalhada de mais de 1700 estudos sobre segurança e impacto ambiental de transgênicos, e concluíram que são perfeitamente seguros para a saúde humana e animal.

Em 2014, um grupo americano avaliou os 29 anos de uso de ração transgênica para animais de criação, trazendo dados de mais de 100 bilhões de animais, sem nenhuma diferença nos registros de saúde animal após a introdução da ração transgênica.

E, finalmente, a Academia Americana de Ciências conduziu um estudo extremamente abrangente, levando em conta trabalhos científicos, testemunhos de ativistas, e do público em geral, e concluiu que não existem evidências para acreditar que alimentos transgênicos sejam menos seguros do que sua contrapartida convencional. Diante das evidências (é assim que a ciência trabalha), podemos afirmar que os transgênicos são, portanto, seguros.

Muitos advogam que a biofortificação não é necessária. Mas ao mesmo tempo, suplementamos nosso leite e iogurte com vitamina D, nossa água com flúor e nosso sal com iodo. Devemos lembrar que a realidade não é a mesma para todos os locais do planeta, e que nem todos têm acesso a uma alimentação balanceada e saudável.

A biotecnologia surge como uma solução viável para esses problemas. Exemplos muito recentes e promissores são o *impossible burger*, feito a partir de soja transgênica, carne de laboratório feita a partir de cultura de células e plantas geneticamente modificadas para fixar mais carbono da atmosfera, contribuindo, assim, para diminuir o aquecimento global.

O *impossible burger* é o primeiro produto feito pela Impossible Foods, uma empresa americana criada com o objetivo de produzir alimentos que substituam a criação animal, setor que é um dos principais responsáveis pela liberação de gases de efeito estufa, que contribuem para o aquecimento global.

A ideia era produzir um hambúrguer que fosse real, com o mesmo sabor e textura da carne, mas feito com proteína vegetal. Proteína vegetal é relativamente fácil de conseguir, pode-se usar soja, milho e trigo. O difícil era o sabor e a textura. O que dá o sabor específico da carne é a molécula heme, presente na mioglobina, uma proteína encontrada na carne.

Claro que não poderíamos isolar a molécula diretamente da mioglobina, pois estaríamos usando um produto animal. Outra fonte possível seria usar uma proteína de soja, quase idêntica, chamada leghemoglobina, que também produz a heme. Mas a leghemoglobina é produzida na raiz da soja, e sua extração seria custosa e agressiva para o solo.

A empresa optou, então, por clonar o gene da leghemoglobina em leveduras. Assim, as leveduras podem ser usadas para produzir heme, em tanques de fermentação, iguais aos utilizados para produção de cerveja. Só que em vez de cerveja, seriam leveduras geneticamente modificadas para produzir heme. Não precisamos de animais e não agredimos o solo. E agora temos um hambúrguer 100% vegetal com gosto de carne de verdade.

Os *impossible burgers* feitos com leghemoglobina produzem 87% menos gases de efeito estufa, usam 95% menos terra e 75% menos água do que a criação animal.

O CEO da Impossible Foods, Pat Brown, comentou que seria quase impossível mudar os hábitos de bilhões de pessoas e convencê-las a parar de comer carne pelo bem do planeta. Vale mais a pena investir em biotecnologia para que as pessoas tenham uma opção sustentável e possam manter seus hábitos.

Assim, também pensa Joanne Chory, geneticista de plantas do Salt Lake Institute (EUA). A pesquisadora está desenvolvendo plantas capazes de fixar mais carbono da atmosfera, contribuindo para diminuir os efeitos da emissão de gases de efeito estufa, e, assim, conter o aquecimento global. Com ferramentas de modificação genética, a Dra. Chory e sua equipe pretendem desenvolver plantas mais robustas, que utilizem mais carbono atmosférico, armazenado nas raízes, de forma que resista à decomposição, impedindo, então, que o gás seja novamente liberado. Isso permitirá a existência de plantas que sequestrem mais CO_2 da atmosfera.

E OS PRODUTOS ORGÂNICOS?

Qualquer ida ao mercado já confunde a cabeça do consumidor. A grande oferta de produtos orgânicos, bem mais caros do que os demais, é evidente nas prateleiras e em feiras especializadas. Muita gente acredita que a agricultura orgânica não usa pesticidas, e que produtos cultivados desta forma são mais nutritivos e saudáveis. Isso não é verdade. A agricultura orgânica oferece uma opção diferente de manejo da terra, e não qualidade nutricional superior. Também não é verdade que não use pesticidas. Existem venenos autorizados para uso em lavoura orgânica, e alguns são até piores para a saúde humana e para o ambiente do que produtos convencionais. Isso acontece porque, de acordo com as regras de manejo orgânico, os pesticidas precisam ser escolhidos a partir do que já existe na natureza: produtos sintéticos, isto é, criados em laboratório, são excluídos. O problema é que muitos produtos naturais são tóxicos para o ser humano, e muitos produtos sintéticos, não. O critério de toxicidade não pode ser avaliado pela origem do produto, mas, sim, por testes adequados.

O manejo orgânico também está proibido de usar OGMs. Assim, muitas vezes, acaba precisando de mais pesticidas do que a contrapartida convencional, que utiliza produtos transgênicos resistentes a pragas, dispensando a aplicação dos pesticidas.

Por causa das restrições na regulamentação do manejo, os agricultores orgânicos ficam com poucas opções para o controle de pragas e precisam recorrer não só a produtos piores, mas a técnicas como aragem da terra para retirada de ervas daninhas, o que acaba usando mais combustível e liberando mais carbono na atmosfera. Como o rendimento da plantação é menor, esse tipo de manejo também usa mais terra e mais água, ou seja, não é sustentável em larga escala.

Dito isso, é preciso deixar claro que todos os pesticidas, convencionais ou orgânicos, são seguros para a saúde humana se utilizados nas doses e prazos de aplicação recomendados e aprovados pelas agências regulatórias. O maior problema geralmente está no manejo, na falta do uso de equipamento adequado para aplicação, e no uso clandestino de produtos proibidos. Ou seja, o problema está na aplicação das leis, e não na sua formulação. As agências regulatórias avaliam extensivamente estudos de toxicidade, tanto para o agricultor quanto para o consumidor final.

Podemos consumir tranquilamente frutas e verduras, convencionais ou orgânicas, mas é preciso ficar claro que manejo orgânico é um mercado de nicho que não garante nenhuma vantagem nutricional ou de segurança.

COMIDA E CÂNCER

Alimentos que causam ou previnem câncer aparecem na mídia e em revistas especializadas o tempo todo. Carne vermelha causa câncer. Embutidos causam câncer. Iogurtes previnem câncer. Curcumina previne câncer. Mas existem alimentos ou comportamentos que previnem ou causam câncer? O que tem de mito e verdade nisso tudo? Assim como obesidade, câncer é uma doença multifatorial. Sua ocorrência dificilmente pode ser associada a uma única causa ou fator. Em termos simples, câncer é uma condição na qual algumas células se reproduzem descontroladamente, formando tumores que podem ou não se espalhar para outras partes do corpo. O número de casos de câncer no mundo está crescendo, mas isso pode ser atribuído ao fato de que as pessoas estão vivendo mais tempo e também a mudanças de estilo de vida. Câncer é causado por alterações no DNA, mutações, que desregulam a divisão celular. O corpo tem mecanismos de reparo para essas situações, mas que podem não funcionar por diversos motivos. Entre eles, alimentação e estilo de vida. E claro, não podemos nos esquecer do azar. Muitas vezes já nascemos com uma predisposição genética para algum tipo de câncer. Muitas famílias possuem históricos de gerações com câncer de mama ou de intestino, por exemplo. Nesses casos, o cuidado com exames preventivos deve ser redobrado. Existem fatores ou comportamentos – de risco ou protetivos – que aumentam ou reduzem a probabilidade de desenvolver a doença. Fumar e consumir bebidas alcoólicas estão num dos lados dessa balança, assim como expor-se demais ao sol. Fazer exercícios e ter uma alimentação saudável estão do outro lado. Mas existem também muitos mitos envolvendo alimentos com propriedades supostamente preventivas, ou sobre sentimentos e emoções, como estresse e rancor, que são apontados como causadores da doença. Mitos que muitas vezes confundem, provocam mudanças de comportamento custosas e desnecessárias e até trazem um sentimento de culpa sobre pacientes e familiares, que acabam acreditando que "causaram" a doença. A Organização Internacional de Pesquisa sobre o Câncer (IARC), uma agência da Organização Mundial de Saúde (OMS), lançou o Código Europeu Contra o Câncer, com 12 diretrizes de comportamentos cientificamente comprovados que ajudam a reduzir o risco de desenvolver câncer ou aumentam a chance de detectar a doença logo no início. São eles:

1. Não fumar – há abundante evidência científica de que o tabaco eleva enormemente o risco de câncer de pulmão.
2. Não tolerar fumaça de tabaco em sua casa ou ambiente de trabalho, ou seja, não ser um fumante passivo.
3. Manter um peso saudável – também há comprovação científica de que a obesidade eleva de modo significativo o risco de alguns tipos de câncer.
4. Fazer exercícios físicos – o sedentarismo também representa um fator de risco.
5. Ter uma dieta balanceada, rica em grãos, leguminosas, frutas e verduras. Evitar alimentos ricos em açúcar e gordura, evitar carne vermelha e/ou processada e alimentos com muito sal.

6. Limitar o consumo de álcool – se possível, é preferível não consumir.
7. Evitar a exposição ao sol, principalmente crianças – usar protetor solar.
8. Usar equipamentos de proteção adequados no trabalho, se precisar ser exposto a compostos cancerígenos.
9. Investigar se você está exposto a níveis altos de radônio – um gás nobre radioativo, em sua casa. Se for o caso, tomar as medidas necessárias para reduzir a exposição.
10. Certificar-se de que seus filhos recebam a vacina de hepatite B (para recém-nascidos) e HPV (para meninas).
11. Se você for mulher, amamentar – isso reduz o risco de câncer de mama. Limitar o uso de terapia de reposição hormonal.
12. Não se esquecer de fazer os exames periódicos para câncer de intestino (homens e mulheres), câncer de mama (mulheres) e câncer cervical (mulheres).

É importante lembrar que qualquer um pode desenvolver câncer e que essas medidas preventivas não garantem que isso não acontecerá. Elas apenas diminuem nossa exposição a fatores de risco conhecidos. Sempre haverá casos de pessoas que nunca fumaram e tiveram câncer de pulmão ou de mulheres que amamentaram e tiveram câncer de mama. Mas para a população como um todo, essas medidas preventivas têm o potencial de reduzir a incidência global de câncer em até um terço.

Uma pesquisa abrangente conduzida no Reino Unido, em 2018, investigou a percepção das pessoas em relação às causas do câncer. Os mitos mais comuns associados à doença foram o estresse, conservantes e corantes alimentícios, alimentos transgênicos e frequências eletromagnéticas como ondas de rádio na faixa das micro-ondas, como as usadas em telefones celulares e sistemas wi-fi. Nada disso causa câncer ou tem relação com maior risco de desenvolver a doença.

Mais de um terço dos entrevistados associou esses fatores ao câncer, e, na comparação com pesquisas anteriores, o número de pessoas que acredita nesses mitos aumentou. O estresse foi mais identificado como causa de câncer do que consumo de álcool. O uso de telefones celulares recebeu a mesma importância da exposição ao vírus HPV. Alimentos transgênicos aparecem como tão perigosos quanto o sedentarismo. E comer frutas e verduras quase nem aparece nas respostas sobre como evitar a doença, sendo que é um dos fatores mais comprovados de redução de risco.

E qual o problema de acreditar nesses mitos? Por um lado, pessoas podem acreditar que, se tudo causa câncer, comportamentos preventivos como não fumar, fazer exames periódicos e praticar exercícios, são inúteis. Por outro, podem adotar comportamentos obsessivos como ter medo de usar micro-ondas, wi-fi e celulares. A propagação desses mitos não acontece por acaso. A mídia convencional e as mídias sociais desempenham um papel decisivo na desinformação. Prevenção de câncer é um tema que vende livros, revistas, jornais, atrai "clicks", "likes" e compartilhamentos. A própria IARC, ao mesmo tempo que publica diretrizes perfeitamente sensatas com os 12 passos para reduzir o risco de câncer, também produz uma classificação de compostos e comportamentos potencialmente cancerígenos que tem sido usada pela mídia de forma recorrente para causar alarmismo. Mas o que exatamente a IARC faz nessa classificação de substâncias que supostamente causam câncer? A agência faz uma análise de perigo, não de risco. E qual a diferença?

Perigo é qualquer comportamento ou substância que tem potencial de causar dano. Atravessar uma rua, qualquer rua, é um perigo, por exemplo; mas o risco é maior se atravessamos uma rua movimentada. Uma placa que indica a presença de tubarões no mar, próximos à praia, alerta para um perigo. Mas só correremos risco se formos inconsequentes o suficiente para entrar no mar ali. Risco, portanto, leva em conta tanto perigo quanto exposição. A IARC aponta apenas o perigo. Não calcula o risco. Análise de risco pressupõe exposição. E essa exposição pode ser avaliada em números e probabilidade. Quanto maior a exposição, maior o risco. Voltando aos tubarões, a IARC não avalia quantos tubarões têm na água, se a água é rasa, se os tubarões estão famintos ou bem alimentados, se há obstáculos para que os tubarões cheguem perto dos banhistas. Ela apenas aponta que "há tubarões ali". Não faz nenhum tipo de cálculo da probabilidade de você ser devorado por um tubarão caso entre no mar.

A IARC deixa bem claro, no documento oficial em que constam suas diretrizes, disponível no site da OMS, que a análise de perigo é realizada por especialistas voluntários, que fazem uma revisão da literatura disponível, sobre comportamentos e alimentos, que pressupõe uma correlação com câncer em humanos. A agência faz questão de frisar que essa análise não deve embasar leis, regulamentações e políticas públicas, já que as correlações apontadas são apenas um dos parâmetros necessários para investigar uma relação de causa e efeito. Cada país, com suas agencias regulatórias, deve ser responsável, segundo essas diretrizes, por conduzir análises de exposição e risco e estabelecer limites de segurança.

Segundo esse princípio, se um único trabalho demonstrou que quantidades absurdas de uma determinada substância, aplicada a animais de laboratório, parecem relacionadas ao surgimento de tumores, a substância vai para a lista da IARC. É por isso que encontramos fatores como café, carne vermelha, frituras, trabalho noturno e trabalhar como cabeleireiro no grupo 2 da IARC, como fatores "provavelmente carcinogênicos".

Por causa dessa classificação, vigorou durante algum tempo uma lei, no Estado da Califórnia, nos EUA, que obrigava todos os restaurantes e cafés a exibirem um aviso de que o consumo de café pode causar câncer. O que a IARC não diz, no entanto, é que para atingirmos um risco real de desenvolver câncer por causa do cafezinho, teríamos que ingerir 50 litros de café por dia, durante um ano, no mínimo.

O herbicida glifosato é outro produto que entrou para o grupo 2, junto com o cafezinho, e isso deu margem a uma histeria global para banir o defensivo. Nos Estados Unidos, há advogados em busca de trabalhadores rurais dispostos a processar os fabricantes. Processos milionários foram movidos contra a multinacional Bayer, mesmo contra todos os trabalhos científicos que demonstram que não existe relação entre o uso de herbicida e a incidência de qualquer tipo de câncer.

Fala-se muito que o glifosato é "proibido na Europa", mas a medida mais forte contra o produto até o momento, no continente, foi uma votação do Parlamento austríaco pedindo sua proibição. A França, que pretendia parar de usar o herbicida até 2021, desistiu do plano.

No grupo 1A, onde estão agrupadas as substâncias que, segundo a IARC, certamente causam câncer, encontramos o tabaco, as bebidas alcóolicas, a luz solar. E mesmo dentro desse grupo, a agência não faz análise de dosagem. Ou seja, para a IARC, cigarro, praia e cachaça são, em termos de perigo de câncer, exatamente a mesma coisa. De aproximadamente mil substâncias analisadas pela IARC em toda a sua existência, apenas uma, a caprolactama, molécula usada na fabricação de nylon, foi classificada como "provavelmente não carcinogênica para humanos".

Portanto, vemos que substâncias que alegadamente "causam" câncer devem ser avaliadas com precaução, assim como promessas de superalimentos ou comportamentos que poderiam manter a doença longe. Não somente para prevenção de câncer, mas para outras condições graves, como doenças cardiovasculares, autoimunes e neurodegenerativas, ainda não encontramos conselhos melhores do que aqueles que nossas avós dariam: comam de tudo, especialmente frutas e verduras, façam exercícios físicos, não fumem e não bebam em excesso.

6

Probabilidade

Você precisa fazer uma viagem de trabalho para uma cidade distante e lhe oferecem duas opções: ir de ônibus ou de avião. O que lhe parece mais seguro? A maioria das pessoas provavelmente responderia ônibus – mas estaria errada.

Nós temos uma péssima intuição para lidar com questões de incerteza e probabilidade. Sem uma mãozinha da ciência e a ajuda de uma boa calculadora, avaliamos mal tanto os riscos quanto as oportunidades: tendemos a pensar que coisas perfeitamente seguras são muito perigosas, e, em compensação, achamos que a sorte é bem mais amiga do que realmente é. Começando pela questão dos riscos, a maioria das pessoas tem mais medo de viajar de avião do que de pegar a estrada. Mas, de acordo com o Conselho Nacional de Segurança (NSC, na sigla em inglês) dos Estados Unidos, órgão que produz material de conscientização e estatísticas sobre acidentes e riscos, a chance média de uma pessoa morrer num acidente automobilístico é 1 em 114 (0,9%). Já num acidente envolvendo veículo aéreo (ou espacial) é 1 em 9.821 (0,01%). Parte dessa percepção errada sobre onde estão os verdadeiros riscos está associada ao fato de eventos incomuns ocuparem muito espaço nos noticiários, enquanto eventos cotidianos recebem menos – ou nenhuma – atenção. A própria definição de notícia jornalística embute a ideia de coisa surpreendente ou excepcional: você nunca vai ver a manchete "Piloto de avião tem um dia normal de trabalho, volta pra casa, janta, beija os filhos e dorme". Mas ao divulgar eventos excepcionais todos os dias, os jornais – sejam em papel, na televisão ou on-line – podem dar ao público a impressão de que o extraordinário é comum. E vice-versa: que o comum é extraordinário.

As pessoas ainda exageram na sorte que acham que têm. Se assim não fosse, cassinos e lotéricas já teriam ido à falência. Quando a Mega-Sena acumula seguidas vezes, por exemplo, não demora muito para surgirem teorias de conspiração – "como assim, de novo ninguém acertou?" –, mas a verdade é que as chances de acertar as seis dezenas dessa loteria são realmente muito baixas: da ordem de 1 em 50 milhões. Isso significa que seriam necessárias, a cada concurso, mais de 50 milhões de apostas simples, cada uma diferente de todas as demais, para garantir, com certeza, que uma delas levaria o prêmio.

Se o jogador pagar um extra para marcar mais do que as seis dezenas da aposta simples, as chances melhoram, mas o preço também sobe bem depressa: a maior aposta permitida, de 15 dezenas, dá uma chance em 10 mil de ganhar – cinco mil vezes maior – mas custa quase seis mil vezes mais do que o jogo simples.

Quando o jogo é de azar, a relação entre preço, chances e prêmio sempre favorece o banqueiro. É por isso que ele lucra.

FAZENDO APOSTAS

É exatamente essa análise – quanto a banca deve prometer pagar por uma aposta para se manter no lucro – que está na raiz do estudo científico das probabilidades.

Probabilidades costumam ser expressas sob a forma de frações ou porcentagens. A fração tem o número de desfechos desejados no numerador e o total de desfechos possíveis no denominador. Assim, por exemplo, a probabilidade de se obter um número par, no lance de um único dado, é três (o número de faces pares: 2, 4, 6) dividido pelo número total de faces, que é seis. Ou:

$$3/6 = 1/2 = 0,5 = 50\%.$$

A interpretação mais comum do que significa uma "probabilidade" é a chamada visão *frequentista*: a ideia de que probabilidades representam a frequência com que certos desfechos são observados. Quando dizemos, por exemplo, que a chance de uma moeda sair cara ou coroa é 50%, estamos afirmando que a frequência com que caras e coroas costumam aparecer, durante uma longa série de lances, é de 50% para cada uma. Do mesmo modo, quando a previsão do tempo diz que a chance de chuva num determinado dia é de 30%, isso pode ser interpretado como a constatação de que, de cada 100 dias parecidos com aquele, em 30 deles houve chuva (e em 70, não: o que fazer com essa informação, e com o guarda-chuva, é problema seu).

Uma vez tendo definido o cálculo de probabilidade, podemos fazer as contas para ver se uma aposta vale a pena, determinando o "valor esperado". A fórmula é simples: o quanto você tem a ganhar, vezes a probabilidade de ganhar, menos o que você tem a perder, vezes a probabilidade de perder.

Num jogo de "cara ou coroa" com uma moeda honesta, o valor esperado é zero. Digamos que você e um amigo resolvam apostar R$ 1 numa sequência de lances de moeda. Então, o que você tem a ganhar é o R$ 1 que seu amigo apostou; sua chance de ganhar é 50%, ou 0,5. Já o que você tem a perder é o R$ 1 que você apostou; e sua chance de perder é 50%, ou 0,5.

O valor esperado, então, é:

(R$ 1)x(0,5)-(R$ 1)x(0,5),
o que dá (R$ 0,50)-(R$ 0,50),
o que dá zero.

Isso significa que, se você e seu amigo ficarem um tempão jogando, a probabilidade mais forte é que nenhum dos dois saia no lucro. Ou no prejuízo. E a Mega-Sena? Vamos ver. Imaginemos uma longa sequência de concursos com prêmio médio de R$ 30 milhões, e uma longa sequência de apostas simples de R$ 3,50. Como dissemos, a probabilidade de acertar a sena é 1 em 50 milhões, o que dá uma fração realmente muito pequena, de 0,000002%. A chance de perder, por sua vez, é 99,999998%. O valor esperado, então, é:

(R$ 30.000.000,00)x(0,00000002)-(R$ 3,50)x(0,99999998).

O que dá (R$ 0,60)-(R$ 3,49), o que dá -R$ 2,89. O resultado negativo implica perda. A análise mostra, portanto, que a Mega-Sena é um tipo de aposta em que você deve esperar perder o valor apostado. O que, convenhamos, não é exatamente novidade.

É muito fácil interpretar erroneamente a ideia de probabilidade, e achar que ela garante que alguma espécie de força mágica "obriga" longas sequências de eventos a se conformar aos números previstos. Um caso muito comum dessa leitura errada recebe o nome de "falácia do jogador". Ela aparece, por exemplo, quando alguém acha que uma moeda deve "dar cara logo", porque uma série de quatro ou cinco lances seguidos só gerou coroas. Isso é falso: só o que sabemos é que, à medida que o número de lances cresce, a proporção entre caras e coroas tende a se aproximar de 50%-50%. Não há nada que determine quanto tempo deve levar para o equilíbrio ser atingido. Em 50 lances, por exemplo, não é improvável surgirem sequências de cinco ou seis caras (ou coroas) consecutivas. Numa sequência finita de arremessos, quase sempre haverá um excesso de caras ou de coroas. A probabilidade de se conseguir exatamente cinco caras e cinco coroas em dez arremessos de moeda é de apenas 25%. Em mil arremessos, a chance de uma divisão exata 500-500 é de apenas 2,5%. Mas ao mesmo tempo – e aí está o ponto crucial – a probabilidade de dar qualquer outra combinação é ainda menor. A chance de se conseguir apenas 400 caras, por exemplo, é de menos de 1 em 20 bilhões.

As maiores chances acumulam-se todas em torno da divisão meio a meio: embora as probabilidades contra uma divisão perfeita, exata, 500 caras e 500 coroas, passem dos 90%, a chance de o total de caras (ou coroas) ficar entre 480 e 520 é de 80%. Pessoas que fazem (e até vendem) análises de loterias – relatórios, às vezes encontrados em bancas de jornal, apontando que um jogo como a Mega-Sena está "devendo" certas dezenas, que não são sorteadas há vários concursos – caem nessa falácia (ou esperam que seus clientes caiam).

EXAMES MÉDICOS

Quando alguém recebe diagnóstico de uma doença grave, ou faz um tratamento de saúde mais complicado, é comum a pessoa procurar se informar sobre as incertezas – qual a taxa de sobrevida? Qual a probabilidade de sucesso do tratamento? A maior parte das informações disponíveis sobre esse tipo de situação é do tipo frequentista:

se uma doença tem uma taxa de mortalidade de 20%, isso quer dizer que, de cada 100 pacientes diagnosticados, 20 morrem. O número não leva em conta as características específicas de cada paciente: seu estado de saúde geral ao receber o diagnóstico, sua idade, sexo etc. Esses números genéricos podem acabar trazendo ansiedade desnecessária (ou, infelizmente, esperanças infundadas).

É possível fazer melhor? Sim. Um tipo de análise que vai um pouco além da frequentista é a de probabilidade condicional. Essa modalidade busca calcular qual a probabilidade de um determinado desfecho, quando sabemos que uma determinada condição foi ou não cumprida.

Exemplo: digamos que eu queira saber qual a probabilidade de encontrar a calçada molhada ao sair de casa pela manhã. Numa análise frequentista, eu veria quantos dias por ano a calçada costuma amanhecer molhada, dividiria esse número por 365 (ou 366, no caso de um ano bissexto) e aí teria a minha probabilidade. Mas: e se eu sei que choveu na noite anterior? A probabilidade de a calçada amanhecer molhada, dado que choveu, é diferente da simples probabilidade de a calçada amanhecer molhada, na ausência de qualquer outra informação complementar. Probabilidade condicional é a probabilidade de acontecer X, dada a condição Y, ou, na notação mais comumente usada, $p(X|Y)$. A análise da probabilidade condicional é chamada probabilidade bayesiana, em homenagem ao pioneiro da área, o clérigo britânico Thomas Bayes (1701-1761).

Mas, cuidado: essa probabilidade é assimétrica. Por exemplo: a chance de Beto e Alice morarem juntos, dado que são casados, parece bem alta. Mas qual a probabilidade de Beto e Alice serem casados, dado que moram juntos? É bem menor: afinal, eles podem simplesmente estar dividindo o aluguel, ou serem irmãos, ou serem "namoridos" (ou seja, namorados que moram juntos e não formalmente casados). Portanto, a chance de termos X, dado Y quase nunca é igual à chance de termos Y, dado X. Em outras palavras, a expressão $p(X|Y) = p(Y|X)$ raramente corresponde à verdade.

É preciso prestar bastante atenção nesse tipo de erro, que aparece muito em questões importantes do cotidiano. Um exemplo clássico é o da taxa de falso positivo em exames de saúde. Digamos que um determinado exame, usado para detectar uma doença rara, tenha uma taxa de acerto de 95%. Isso quer dizer que, se a pessoa tem a doença, o exame vai detectá-la 95% das vezes; se a pessoa não tem, o exame vai dar um resultado negativo também 95% das vezes.

Esses números parecem sugerir que, se você fizer o exame e o resultado for positivo, sua chance de realmente estar doente é 95%. Mas isso *não é verdade*. O que está faltando nesse cálculo é levar em conta a prevalência da doença na população em geral. Em outras palavras, *a probabilidade prévia, ou condicional*, de você realmente estar doente na hora de fazer o exame.

Escrevi que se trata de uma doença rara: digamos, então, que afeta 1% da população em geral. Então, se 10 mil pessoas, escolhidas ao acaso, fizerem o exame, 100 delas serão verdadeiros doentes. Dessas, 95% (no nosso caso, 95 indivíduos) terão um diagnóstico correto e 5% sairão com falsa impressão de que estão com a saúde em ordem. E as outras 9.900 pessoas que não têm a doença e fizeram o exame? Bem, 5% *delas receberão um resultado falso positivo!* Essas são 495 pessoas. Então, do total de 590 (495+95) cidadãos com um exame positivo, apenas 95 estão realmente doentes. Portanto, a probabilidade de você estar doente, dado que o exame saiu positivo, é 95/590, ou apenas 16%. Bem menos que os 95% da estimativa ingênua original. Esse é o tipo de armadilha para que médicos e autoridades de saúde pública precisam estar sempre atentos, para evitar gastos desnecessários com o tratamento de pessoas saudáveis – e poupar essas pessoas de angústia e preocupação.

7

O médio e o normal

Digamos que você receba uma proposta de trabalho de uma nova empresa, com a informação de que o salário médio lá é de 15 mil reais. Ou que, durante uma eleição, veja no jornal pesquisas indicando que o candidato Fulano tem 45% das intenções de voto. Na porta do restaurante, o recepcionista lhe diz que a espera média por uma mesa é de 10 minutos.

O que os números apresentados no parágrafo anterior têm em comum? Todos são *estatísticas* – isto é, dados que buscam capturar, e resumir, certas características de uma determinada população, seja ela de eleitores, trabalhadores ou tempo de espera no restaurante (como se vê, em estatística, "população" não se refere, necessariamente, a seres humanos).

A utilidade das estatísticas no dia a dia, seja do cidadão que precisa decidir o rumo de sua carreira profissional, do sujeito que quer almoçar e tem hora para voltar ao trabalho ou do governante que quer saber se suas políticas de saúde pública estão funcionando, é enorme.

Infelizmente, também são enormes as chances de mau uso, incompreensão ou erro na apuração e aplicação desses números.

"Estatística", argumentam os críticos, "é o que diz que, quando um rico come um frango e um pobre não come nada, cada um comeu, em média, meio frango". A maioria dos problemas que provocam reações assim, no entanto, têm duas causas, que uma vez conhecidas, podem ser detectadas e evitadas: a má escolha das amostras e o uso indevido do conceito de "média". Como? Vejamos.

Em termos ideais, se você quer conhecer alguma característica de uma população, o melhor a fazer é conferir cada pessoa (ou item), uma de cada vez. No caso dos funcionários de uma empresa, por exemplo, isso é factível: afinal, o Departamento de Recursos Humanos tem – ou deveria ter – dados como salário, endereço, data de nascimento etc., de todo mundo que trabalha lá.

Se quisermos saber as intenções de voto numa eleição presidencial, no entanto, as coisas mudam de figura. Aí a "população de interesse" é a totalidade dos eleitores brasileiros. Para se ter uma ideia, no pleito de 2018, havia 147 milhões de pessoas aptas a votar. Entrevistar essa multidão toda levaria muito tempo e custaria uma fortuna.

É o caso também de uma empresa (como uma cervejaria) que precisa saber se a qualidade do produto que está pondo no mercado é compatível com a esperada: se ela for usar provadores humanos (ou testes químicos) para avaliar "a população inteira", não vai sobrar nem uma gota do produto para mandar ao mercado.

Problemas assim são resolvidos com o uso de *amostras*: isto é, parcelas da população que são tomadas como *representativas* do todo. Grandes erros estatísticos – incluindo alguns vexames históricos envolvendo pesquisas eleitorais nos Estados Unidos – costumam crescer a partir de erros na seleção de amostra.

A amostra ideal é *grande* e *aleatória*. Não faz sentido, por exemplo, calcular o tempo médio de viagem até o trabalho levando em conta só um ou dois dias de trânsito ruim – ou só os feriados, quando as ruas estão vazias. O correto é escolher vários dias diferentes – quanto mais dias, melhor –, pegos ao acaso.

Quando, no caso de uma pesquisa eleitoral, somos informados da margem de erro, esse é um número que foi calculado a partir do tamanho da amostra. Em linhas gerais, se mais de mil pessoas são entrevistadas, a margem tende a ficar em 3% ou menos.

Se o tamanho é importante, o caráter *aleatório* é fundamental. Uma amostra aleatória é aquela em que todos os membros da população têm exatamente a mesma chance de participar: não importa se você vota em partido de direita, de esquerda, de centro ou decidiu anular o voto, a probabilidade de um pesquisador chegar até você tem de ser a mesma de ele chegar a qualquer outro brasileiro com título de eleitor.

Isso porque não adianta entrevistar dez mil pessoas, ou provar dois mil litros de cerveja, se todas essas pessoas morarem num bairro conhecido por sempre votar em candidatos de direita (ou de esquerda), ou se toda a cerveja veio do único tanque da fábrica que é mantido sempre limpo e em boas condições de uso. Amostras assim não são representativas; são *enviesadas* e distorcem o resultado do levantamento.

No caso específico de pesquisas eleitorais e outros tipos de levantamento que buscam representar grandes populações humanas, conseguir amostras realmente aleatórias é quase impossível, e o risco de resultados enviesados está sempre presente.

Usar um computador para gerar números aleatórios de telefone e ligar para as pessoas exclui da amostra aqueles cidadãos que não têm telefone ou que preferem não atender chamadas de números desconhecidos. Colocar pesquisadores em pontos metropolitanos de grande tráfego de pedestres, como praças, saídas de metrô e pontos de ônibus exclui quem anda de carro ou mora em cidades pequenas. E assim por diante.

Obter amostras representativas e criar estratégias eficientes de entrevista é trabalho que mobiliza profissionais de várias áreas, incluindo sociólogos e estatísticos. Empresas especializadas valem-se de diversas estratégias para desenhar amostras que se aproximem ao máximo de uma seleção realmente aleatória, por exemplo, determinando que a proporção de gêneros e faixas etárias da amostra reflita a da população de interesse.

Toda pesquisa de opinião, que envolve interromper o dia das pessoas e pedir que respondam a certas perguntas, seja sobre política, saúde, meio ambiente ou sabor de sorvete, sofre de *viés de seleção*: só participa da amostra quem está disposto a ser entrevistado.

A despeito disso, pesquisas de opinião pública, desde que bem planejadas e bem conduzidas, tendem a gerar resultados confiáveis. Elas costumam vir acompanhadas de dois números: a margem de erro e o intervalo de confiança. Ambos são parâmetros que dependem crucialmente do tamanho da amostra e têm uma relação íntima entre si: quanto maior o intervalo de confiança, maior também a margem de erro.

"Intervalo de confiança" é a probabilidade de a opinião da população em geral corresponder a algum valor dentro da margem de erro apurada na amostra. Ou seja, se a pesquisa entrevistou um pouco mais de mil pessoas (com margem de erro 3% e intervalo de confiança 95%), e 50% delas disseram que vão votar em fulano, então, há 95% de chance de que, na população em geral, de 47% a 53% dos eleitores pretendam votar nesse candidato. Ou seja, há 5% de chance, ou 1 em 20, de o valor real na população estar *fora* do apurado na pesquisa.

É possível escolher uma margem de erro muito pequena, mas ao preço de reduzir também o intervalo de confiança. Inversamente, é possível ter um intervalo de confiança fantástico, de 99% ou mais, mas ao preço de aumentar bastante a margem de erro. A maioria das pesquisas eleitorais trabalha com margens em torno de 3% e confiança de 95%.

Pesquisas desse tipo são sempre retratos do momento, não profecias ou previsões: elas fotografam o instante, e a rigor não dizem nada sobre o que as pessoas vão pensar, ou em quem vão votar, no dia seguinte ou dali e semanas ou meses.

O viés de seleção é um problema especialmente grave em enquetes on-line, tão grave que órgãos de imprensa sérios não as utilizam mais há vários anos – ou só as utilizam como forma de entretenimento ("Você acha que a atriz A deve ficar com o galã B, o atleta C, o cantor D ou NDA?").

Na internet, esse viés aparece de modo recorrente: primeiro, a enquete só chega ao conhecimento de quem interage com o site ou perfil de rede social que pôs a questão no ar, o que já representa uma pré-seleção intensa – uma enquete sobre descriminalização do aborto num site católico terá resultado muito diverso do que a mesma pesquisa realizada numa página feminista, por exemplo.

Além disso, provavelmente, apenas as pessoas realmente motivadas pelo assunto vão se dar ao trabalho de votar. E essas pessoas podem recrutar amigos, parentes e conhecidos para também entrar lá e sair votando.

FAZER MÉDIA

A média diz algo útil e importante sobre o conjunto de valores que representa – mas o quê? Como no exemplo citado do "meio frango para cada um", tirar conclusões a partir de uma média pode não ser uma boa ideia. O tipo mais simples de média é a *média aritmética*, que se calcula somando todos os valores de uma lista (digamos, os salários dos trabalhadores de uma determinada firma) e dividindo o resultado pelo número de valores (no caso, o total de funcionários da companhia). Assim, por exemplo, a média entre 2, 4, 6, 8, 10 é (2+4+6+8+10)/5, o que dá 6.

O caso da oferta de emprego é típico: uma empresa que tenha um salário médio de 15 mil reais pode parecer um ótimo lugar para trabalhar, mas será mesmo? Vamos imaginar, por exemplo, uma firma com dez funcionários, onde o presidente ganha 120 mil por mês, seis dos empregados são recém-formados que recebem 2 mil e três gerentes ganham 6 mil. O salário médio, em milhares de reais, será:

$$(2+2+2+2+2+2+6+6+6+120)/10 =$$
$$(6\times2+3\times6+120)/10 = 150/10 = 15$$

Ou seja, 15 mil reais.
    Algumas conclusões interessantes em cima do exemplo. Uma delas é que, embora o salário médio seja 15 mil, *ninguém realmente ganha 15 mil*. Exceto pelo presidente, todo mundo ganha menos que isso. Muito menos.
    Há diversos modos de "limpar" uma média para que ela reflita melhor o universo de onde foi tirada. Um deles é eliminar *outliers*, isto é, valores que se destaquem demais dos outros – no nosso caso, o *outlier* óbvio é o salário do presidente. Recalculando a média sem ele, chegamos a 3,3 mil, ou 3.300 reais, o que parece bem mais realista.
    Outro modo é adotar um conceito diferente do de média. O que procuramos, quando tiramos uma média, é determinar a tendência central de um conjunto de valores: descobrir o valor que está "no meio".
Há duas outras medidas de tendência central que

costumam ser citadas junto dela: a moda e a mediana.

Moda é o valor mais frequente do conjunto, o que aparece mais na lista. No caso da nossa firma imaginária, a moda é 2 mil reais. *Mediana* é o valor que divide o conjunto no meio: metade dos valores é maior ou igual à mediana e a outra metade, menor ou igual. Se o conjunto tem um número par de elementos – e, portanto, não há um valor exatamente no meio – a mediana é a média dos dois valores mais próximos ao centro. No caso da nossa firma, a mediana é, assim como a moda, R$ 2 mil.

MAS ISSO É NORMAL?

Ainda não respondemos à questão sobre o que há de tão importante na média, afinal. Como vimos, se o que queremos é saber a tendência central de um conjunto, a moda ou a mediana podem ser muito mais informativas. Mas, no cotidiano, vemos políticos falando no "brasileiro médio", uma pessoa muito inteligente é considerada "acima da média", autoridades muitas vezes tentam explicar a destruição causada por desastres naturais dizendo que choveu ou ventou "acima da média histórica do período". Isso acontece por causa de algo chamado "distribuição normal". Para entender do que se trata, vamos a um exemplo.

Imagine que o restaurante por quilo onde você almoça todo os dias, de segunda a sábado, sirva salada de rúcula ou salada de tomate totalmente ao acaso – sempre há uma dessas duas saladas disponível, e nunca as duas são oferecidas no mesmo dia.

Entusiasmado com o poder das estatísticas, você começa a anotar, todo dia, qual a salada que foi servida e, a cada 12 refeições, lança o número de dias em que houve rúcula numa tabela. E mantém esse acompanhamento por alguns meses.

Se o dono do restaurante realmente opta entre as saladas ao acaso, na maioria dos agregados de

12 refeições, o número de dias com rúcula vai variar de 4 a 8, com maior concentração em 6. Mais raramente, serão apenas 2 ou 3, ou 9 ou 10. E, quase nunca, 12 dias diretos com rúcula, ou nenhum dia. Num gráfico, isso tem a forma de um sino, ou chapéu, com a parte mais alta, o centro, no 6, e as bordas decaindo forma simétrica à direita e à esquerda, tanto em direção ao zero quanto ao 12.

Essa curva simétrica, descoberta pelo matemático francês Abraham de Moivre (1667-1754), é a distribuição normal. Ela é extremamente importante no mundo da estatística e das demais ciências. Além der ter propriedades muito interessantes, a experiência mostra que uma enorme variedade de fenômenos naturais e da sociedade humana podem ser descritos por ela.

Uma das propriedades mais importantes da normal é que, quando um conjunto de valores segue essa distribuição, *a média, a moda e a mediana são iguais*. Ou seja, se você sabe que um conjunto de valores (os minutos de atraso de um ônibus ao longo de uma semana, por exemplo) tem distribuição normal, então você também sabe que o valor médio é o valor mais comum; e que metade dos valores vai estar acima e metade, abaixo dele.

O fato de a média ser o valor mais comum também significa que ela é o *valor esperado*. Ou seja, se os atrasos dos ônibus se distribuem normalmente e a média é cinco minutos, então, na maior parte dos dias, você deve chegar ao ponto já com o coração preparado para um atraso de cinco minutos, pouco mais ou pouco menos. Também é por isso que a desculpa de que "choveu muito acima da média" é tão usada: isso quer dizer que as chuvas superaram o volume esperado por uma ampla margem. Do mesmo modo, o "brasileiro médio" seria aquele cujas características e preferências acompanham as da maioria da população, e uma inteligência "acima da média" é uma inteligência superior à maioria.

Agora, "maior parte dos dias", "pouco mais, pouco menos", "ampla margem", tudo isso soa um tanto vago. Dá para melhorar? Dá. Mas aí precisamos introduzir outra propriedade da distribuição normal, o desvio-padrão.

Essa é uma medida da abertura da curva do sino; da intensidade, por assim dizer, com que os valores se agarram à média. Calcular o desvio-padrão é trabalhoso, mas a ideia intuitiva é simples: ele representa a distância média que separa o ponto central da curva dos demais. Assim, quanto mais afastadas do centro estiverem as extremidades da normal, maior será o desvio-padrão.

Quando levamos o desvio-padrão em conta, encontramos outra propriedade que torna a distribuição normal muito atraente: a regra 68-95-99. Ela diz que, dada uma curva normal, 68% dos valores estarão a um desvio-padrão de distância da média; 95%, a dois desvios-padrões, e 99,7% a três.

Então, se você souber que o atraso médio dos ônibus é 5 minutos, com desvio-padrão de um minuto, é possível prever que, em 68% das vezes, o ônibus vai atrasar de 4 a 6 minutos; em 95% das vezes, de 3 a 7 minutos; e em 99,7% das vezes, de 2 a 8 minutos. Atrasos de 9 minutos ou mais são, portanto, extremamente raros – assim como é quase impossível o ônibus chegar na hora.

A distribuição normal, com suas propriedades especiais, oferece um poder enorme para analisar dados, apoiar a tomada de decisões em empresas e governos, e calibrar expectativas para o futuro. No exemplo anterior, as estatísticas mostram que o risco de perder o ônibus, se você chegar menos de três minutos atrasado ao ponto, é menor do que 5%.

PERNAS ESPREMIDAS

Em 2009, a Agência Nacional de Aviação Civil (ANAC) publicou um levantamento das medidas das pessoas que viajam de avião, onde se encontra a informação de que a estatura média do passageiro é de 1,73 metro, com desvio-padrão de 7,3 cm. A pesquisa foi realizada por pesquisadores da própria agência e da Universidade do Estado do Rio de Janeiro (UERJ). Isso permite estimar que 68% das pessoas que pegam avião no Brasil têm de 1,65 m a 1,80 m e que menos de 1% dos passageiros terão mais de 1,94 m. O que ajuda a explicar por que gente muito alta sofre tanto para caber nas poltronas do avião: as fileiras são feitas prevendo que a maioria dos passageiros terá menos de 1,80 m de altura.

A distribuição normal é tão poderosa, de fato, que um problema recorrente encontrado em várias áreas de estudo é saber quando não usá-la. O caso da empresa onde o salário médio é R$ 15 mil e o mediano, R$ 2 mil é exemplar. Ali, média, moda e mediana não coincidem. As propriedades da curva normal não se aplicam, e tentar tirar conclusões ou fazer inferências com base nelas, nesse caso, só vai dar problema.

É importante ter isso em mente porque há diversos fenômenos naturais, como terremotos, que seguem outro tipo de distribuição. No caso específico dos tremores, a distribuição envolvida segue uma lei de potência.

Se a intensidade dos tremores de terra seguisse uma curva normal, teríamos um grande número de terremotos de força média, e tremores muito poderosos ou muito fracos seriam raros.

O que acontece, na verdade, é que a incidência de terremotos é inversamente proporcional à potência: o maior número de tremores é fraco, e à medida que a energia liberada aumenta, eles vão se tornando menos e menos comuns.

Fenômenos sociais também podem seguir leis de potência. Assaltos, por exemplo, tornam-se mais raros à medida que o valor roubado aumenta. Assim como acidentes e congestionamentos de trânsito: os pequenos acontecem com muito mais frequência do que os grandes.

A distribuição normal é uma boa aposta quando os valores envolvidos são determinados pelo acaso ou por um conjunto de fatores tão complexo que, para todos os efeitos práticos, equivale ao acaso. Se essa suposição não vale, a curva e suas propriedades especiais não se aplicam.

8

O céu que nos guia

Quem mora em grandes cidades raramente vê o céu. Além das distrações presentes aqui no chão (quem tem tempo de olhar para cima?), iluminação pública e poluição combinam-se de modo a reduzir a visibilidade das estrelas e dos planetas. Mas a falta de conexão visual não reduz a importância do espaço para a vida urbana: de fato, boa parte do que torna suportável a vida em grandes metrópoles é resultado da infraestrutura que vem sendo instalada em órbita a longo dos últimos 60 anos, desde o lançamento do primeiro satélite artificial, o Sputnik, em outubro de 1957. Duvida? Pois pense no número de aplicativos de celular que dependem do sistema global de posicionamento por satélite, o GPS: os que nos guiam no trânsito, os que nos permitem acompanhar se o táxi ou carro que chamamos estão chegando, os que nos avisam quanto tempo falta para o ônibus encostar no ponto.

Toda essa infraestrutura de comunicação depende de uma energia invisível – ondas de rádio e micro-ondas – que conecta nossos aparelhos entre si e com satélites no espaço. A humanidade descobriu que essas ondas existiam e aprendeu a domesticá-las, como uma espécie de efeito inesperado de uma invenção muito mais prosaica: o motor elétrico. Esses motores funcionam porque correntes elétricas criam campos magnéticos, e mudanças em campos magnéticos criam correntes elétricas. Assim, podemos usar eletricidade para gerar a força magnética que faz os motores girarem, e o movimento de materiais magnéticos, nas turbinas das usinas, impulsiona as correntes elétricas que chegam às tomadas de nossas casas.

O cientista escocês James Clerk Maxwell (1831-1879) desenvolveu a teoria que explica essa relação. Ele deduziu que a luz era um tipo de onda eletromagnética – um combinado campo elétrico e magnético, viajando juntos pelo espaço –, mas não havia nada em suas leis que dissesse que a luz tinha de ser o único tipo. Estava aberta a possibilidade de haver outras variedades de "luz", mas invisíveis ao olho humano. Isso levou à descoberta das ondas de rádio.

Assim como a luz visível, as demais ondas eletromagnéticas viajam em linha reta, o que limita seu uso como meio de comunicação, pelo menos num planeta redondo: em vez de seguir a curvatura da Terra, o sinal, supondo que sua energia não se disperse antes, simplesmente vara o horizonte e se perde no espaço.

Algumas dessas ondas – a chamada faixa de ondas curtas do rádio – são refletidas pelas camadas superiores da atmosfera, o que permite fazer com que os sinais ricocheteiem pelo céu até o outro lado do mundo, mas o processo é incerto e consome muita energia.

Mas, e se houvesse algo no espaço para refletir, de volta à Terra, os sinais que varam o horizonte?

EM ÓRBITA

Em 1945, o britânico Arthur C. Clarke (1917-2008), que ainda não havia ficado famoso como autor de ficção científica, escreveu dois artigos em que defendia o uso de satélites artificiais, em órbita da Terra, como estações retransmissoras de sinais de rádio e televisão (a televisão, na época, ainda era uma tecnologia fora do alcance popular, mas Clarke sempre foi um visionário). A proposta se destacava não só pela ideia de manter retransmissores no espaço, mas também por chamar atenção para a importância da órbita geoestacionária: Clarke apontou que objetos colocados em órbita a uma altitude de 36.000 km completariam um giro ao redor da Terra a cada 24 horas – ou, seja, do ponto de vista de uma pessoa na superfície do planeta, estariam parados, pendurados de modo estático no céu. Na prosa poética do escritor britânico, "diferentemente de todos os demais corpos celestes, eles jamais iriam nascer ou se pôr".

Com isso, o satélite pode observar uma região específica do planeta o tempo todo, acompanhando, por exemplo, mudanças no uso do solo, o desenrolar e os efeitos de fenômenos climáticos, catástrofes naturais ou guerras. Além de estar sempre a postos para receber e retransmitir sinais de comunicação gerados em sua área de cobertura.

Hoje em dia, existem centenas de satélites nessa órbita geoestacionária, que também é chamada de geossincrônica (isto é, sincronizada com a rotação da Terra) ou Órbita de Clarke. A maioria deles é de comunicação, mas alguns são de meteorologia. Também há redes militares, como a WGS dos Estados Unidos, que, com cinco satélites geossincrônicos, cobre toda a superfície do globo.

A maior parte da comunicação entre a Terra e os satélites acontece na faixa das micro-ondas. Também usam essa faixa telefones celulares, dispositivos wi-fi e, claro, fornos de micro-ondas.

Mas não se preocupe: nem o celular nem o wi-fi vão cozinhar seu cérebro. O forno de micro-ondas é projetado para focalizar e concentrar as ondas em seu interior, enquanto as antenas de celular e de roteadores wi-fi dispersam as ondas pelo espaço; em vez de serem raios concentrados e dirigidos contra um ponto específico, elas se espalham em todas as direções ao mesmo tempo. Além disso, a potência – energia emitida por segundo – de um micro-ondas é centenas de vezes superior à de um roteador ou telefone móvel.

NO TRÂNSITO

Aplicativos de ajuda no trânsito, mapas e localização instalados em telefones celulares e outros dispositivos geralmente usam informações do Sistema de Posicionamento Global (GPS), uma constelação de satélites mantida pelo governo dos Estados Unidos, e que orbita a Terra a uma altitude de 20.000 km. Cada satélite completa uma volta ao redor do planeta a cada 12 horas, e todos estão distribuídos em seis órbitas.

A constelação conta atualmente com 31 satélites, e o compromisso do governo americano é manter pelo menos 24 deles funcionando todo o tempo. O que esses satélites fazem é muito simples: cada um deles transmite, em intervalos regulares, um sinal que informa sua posição no espaço e o horário exato em que a transmissão foi feita. São esses sinais que permitem que o seu celular saiba onde você está.

A constelação é organizada de modo que sempre existem, no mínimo, quatro satélites GPS acima da linha do horizonte, não importa de que "horizonte" estejamos falando – São Paulo, Cairo, Oslo ou Calcutá, tanto faz.

Seu celular recebe os sinais (no caso, ondas de rádio) dos satélites que estão no céu sobre sua cabeça no momento e, com base na informação codificada neles – posição e horário –, calcula a distância que o separa de cada um. Sabendo, então, que se encontra a tantos quilômetros do satélite A, outros tantos de B e ainda mais tantos de C e D, o aparelho determina a própria localização.

Além de nos ajudar a encontrar restaurantes e fugir do trânsito, o GPS também representa uma aplicação exemplar de descobertas da ciência mais fundamental no dia a dia. Ele seria inviável sem astrofísica – especificamente, o estudo de galáxias distantes.

O GPS DO GPS

Afinal, se o GPS depende de um conhecimento preciso da posição dos satélites a cada momento, como os satélites sabem onde estão? Qual é o GPS do GPS? Os satélites usam pontos de referência no espaço, mas esses pontos precisam ter algumas características bem especiais. Por exemplo, devem estar, para todos os efeitos práticos, imóveis em relação à Terra, de modo que sua localização seja sempre segura e constante.

Isso exclui todos os corpos do Sistema Solar e a maioria das estrelas. Mesmo as chamadas "estrelas fixas", usadas como guias de navegação em terra firme e no mar durante séculos, têm um movimento que, embora minúsculo, torna-as incompatíveis com a precisão necessária para o GPS. Outra necessidade: os pontos de referência têm de ser bem distintos e brilhantes.

Os objetos que melhor atendem a esses dois requisitos são os *quasares*. Esses são buracos negros imensos, com massas milhões ou bilhões de vezes maiores que a do Sol, localizados no centro de galáxias muito distantes, a mais de um bilhão de anos-luz de nós.

Um ano-luz é a distância que um raio de luz percorre em um ano, e corresponde a mais de 9 trilhões km. Toda a Via-Láctea – a nossa galáxia – tem 100.000 anos-luz de diâmetro. Um bilhão de anos-luz, portanto, é distância suficiente para que os quasares pareçam realmente estáticos no espaço.

Esses buracos negros engolem o gás e a poeira que os cerca; no processo, ocorre a emissão de quantidades fantásticas de energia, brilhando com uma intensidade comparável à de vários bilhões ou trilhões de sóis (quando falamos em astronomia, quantidades como massa, distância e energia tendem a assumir proporções, digamos, astronômicas). A Nasa produz mapas com a posição celeste de milhares de quasares, que servem de referência para o GPS.

Assim, se seu celular sabe onde você está, é porque os astrônomos sabem onde estão os buracos negros no centro de galáxias distantes.